珠宝首饰设计专业实训系列教材
浙江省高校重点教材建设项目

珠宝首饰工艺

ZHUBAO SHOUSHI GONGYI

总主编 王其全 黄晓望

黄晓望 陈 怡 著

中国地质大学出版社
ZHONGGUO DIZHI DAXUE CHUBANSHE

图书在版编目(CIP)数据

珠宝首饰工艺/黄晓望,陈怡著.—武汉:中国地质大学出版社,2016.7
珠宝首饰设计专业实训系列教材　浙江省高校重点教材建设项目

ISBN 978-7-5625-3862-2

Ⅰ.①珠…
Ⅱ.①黄…
Ⅲ.①宝石-制作-高等学校-教材　②首饰-制作-高等学校-教材
Ⅳ.①TS934.3

中国版本图书馆 CIP 数据核字(2016)第175490号

珠宝首饰工艺		黄晓望　陈怡　著
责任编辑:张　琰　张旻玥	选题策划:张　琰　张晓红	责任校对:周　旭
出版发行:中国地质大学出版社(武汉市洪山区鲁磨路388号)		邮政编码:430074
电话:(027)67883511　　传真:(027)67883580		E-mail:cbb@cug.edu.cn
经销:全国新华书店		http://cugp.cug.edu.cn
开本:787毫米×960毫米　1/12		字数:187千字　印张:9
版次:2016年7月第1版		印次:2016年7月第1次印刷
印刷:武汉中远印务有限公司		印数:1—2000册
ISBN 978-7-5625-3862-2		定价:58.00元

如有印装质量问题请与印刷厂联系调换

目 录
CONTENTS

1 首饰金属材料 ……………… *1*
   1.1　金 …………………………… *1*
   1.2　银 …………………………… *3*
   1.3　铜 …………………………… *5*

2 首饰工具用品 ……………… *7*
   2.1　测量切割 …………………… *7*
   2.2　弯折打磨 …………………… *9*
   2.3　成型工具 …………………… *11*
   2.4　焊接工具 …………………… *14*
   2.5　蜡雕镶嵌 …………………… *16*
   2.6　清洗抛光 …………………… *18*

3 退火、熔金 ………………… *20*

4 金属轧片 …………………… *22*
   4.1　轧制标准型材 ……………… *22*
   4.2　印压特殊肌理 ……………… *23*

5 金属拔丝 …………………… *24*
   5.1　拔制标准线材 ……………… *24*
   5.2　拔制空管型材 ……………… *26*

6 金属锻造 …………………… *28*
   6.1　金属表面锻造 ……………… *28*
   6.2　金属成型 …………………… *30*

7 焊接 ………………………… *33*
   7.1　圆环焊接 …………………… *34*
   7.2　片材焊接 …………………… *35*
   7.3　针的焊接 …………………… *37*

8 抛光 ………………………… *39*

9 清洗 ………………………… *42*

10 部件制作 …………………… *43*
   10.1　扣环配件的制作流程 …… *43*
      10.1.1　8字扣 ………………… *43*
      10.1.2　11字扣 ……………… *44*
      10.1.3　合页 ………………… *45*
      10.1.4　盒子扣 ……………… *48*
   10.2　胸针制作流程 …………… *53*

  10.3 戒指制作流程 …………… 54

  10.4 耳环制作流程 …………… 59

11 镶嵌 …………… 63

  11.1 包镶 …………… 63

  11.2 槽镶 …………… 65

  11.3 密钉镶 …………… 70

12 雕蜡 …………… 73

  12.1 浮雕制作 …………… 73

  12.2 蜡雕戒指 …………… 75

13 铸造 …………… 78

  13.1 模具制作流程 …………… 78

    13.1.1 压模 …………… 78

    13.1.2 开模 …………… 82

    13.1.3 注蜡工艺 …………… 84

    13.1.4 植蜡树 …………… 86

    13.1.5 石膏模 …………… 88

  13.2 铸造流程 …………… 90

    13.2.1 脱蜡 …………… 90

    13.2.2 熔金 …………… 90

    13.2.3 浇铸 …………… 92

    13.2.4 出模 …………… 93

14 附录 …………… 94

  14.1 配件 …………… 94

  14.2 度量衡 …………… 98

1 首饰金属材料

1.1 金

金

金(黄金)是人类最早发现和开发利用的金属之一,由于它闪闪发亮,所散发出的诱惑力和神秘感,一直以来被视为美好和富有的象征,被人类誉为百金之王,并以其极好的延展性和抗腐蚀性,使它成为首饰、器物和钱币的重要材料。

金耳环　商
摘自《北京文物精粹大系·金银器卷》

金帽饰　北朝
摘自《北京文物精粹大系·金银器卷》

虎形金牌饰　春秋晚期
摘自《北京文物精粹大系·金银器卷》

万历金善翼扇冠(局部)　明
摘自《北京文物精粹大系·金银器卷》

黄金耳饰
古埃及女王塔沃斯里特(Tawosret)
前1198—前1196

重点

黄金(Au)
英文:Gold
熔点:1063℃
相对密度:19.32

1盎司(Ounce)=31.1035克
1钱=3.125克
1市两=10钱=31.25克
1市斤=16市两=500克

黄金管

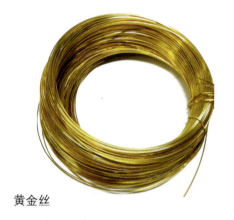

黄金丝

黄金片

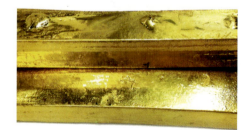

黄金砖

测金的方法

在专业电子设备检验出现之前,人们通过长期积累下来的经验,总结出了以下几种直观测金方法。

色泽:金以赤黄色为佳,成色在95%以上;正黄色成色在80%左右;青黄色成色在70%左右;黄色并略带灰色成色在50%左右。故有口诀为"七青、八黄、九五赤、黄白带灰对半金"。

用试金石鉴定成色:利用已知成色金和被试金在试金石上磨道,通过对比颜色,可确定黄金首饰成色。用玻璃棒把硝酸点在金道上,因金元素化学性质稳定,不与酸反应,故颜色不变。若非金或非纯金,金道则消失或起变化。

折硬度:成色高时;用大头针或指甲刻画均可留下痕迹;97%以上成色的黄金首饰,弯折两三次后,弯折处会出现皱纹;95%左右成色的黄金首饰,弯折时感觉硬,鱼鳞纹不明显;90%左右成色的黄金首饰,弯折时很硬,没有鱼鳞纹;含杂质较多的黄金首饰,弯折两三次即断。

听音韵、看弹性:成色高的黄金首饰受敲击或往硬地上抛掷时,发出"噗嗒、噗嗒"的沉闷声音,且无音韵、无弹力,K金有音韵、有声、有弹力,弹力越大、音韵越尖越长者,成色越差。

密度:黄金的相对密度是19.32,比同体积的银、铅、锡重一倍左右。

电脑验金法:专业的黄金首饰检测中心都配有测金仪器,可直接显示所测首饰的成色和质量。对首饰无损伤。

黄金合金	纯金	纯银	紫铜	其他金属	总重
22K(917金)	1.000	0.068	0.023		1.091
18K(750金)					
K黄	1.000	0.213	0.120		1.333
玫瑰金	1.000	0.110	0.223		1.333
K白金	1.000		0.047	2.210 Ni 0.076 Zn	1.333
14K(585金)					
绿色金	1.000	0.532	0.058	0.120 Ni	1.710
深黄色	1.000	0.284	0.426		1.710
白色	1.000		0.342	0.248 Ni 0.120 Zn	
粉色				0.265 Ai	1.265

注:资料来源为《Jewelry:Concepts And Technology》。表中数据为各合金中各成分的份额。

1.2 银

银

银是一种美丽的银白色贵金属，具有良好的柔韧性、延展性和抗腐蚀性。其延展性仅次于黄金，能压成薄片，拉成细丝。溶于硝酸、硫酸。银金属较为活泼，很少以单质状态存在，所以它的发现晚于黄金。

银也是一种应用历史悠久的金属，作为财富的象征，至今已有4000多年的历史。由于银独有的优良特性，人们曾赋予它货币和装饰双重价值，这些特性使它成为制作首饰、器物和钱币的重要材料。

银在地壳中的蕴含量远大于黄金，所以银的价格比黄金便宜。

金银丝结条笼子
唐 咸通十五年
法门寺地宫博物馆藏

葡萄花鸟纹银香囊
唐 西安何家村唐代窖藏出土
陕西历史博物馆

传统民间银饰
个人收藏

银铃 晋
首都博物馆藏
摘自《北京文物精粹大系·金银器卷》

重点	
白银(Ag)	白银术语
英文：Silver	纯银
熔点：961.78℃	足银
相对密度：10.49	925银
	泰银
	苗银
	藏银

纯银块

纯银丝

纯银片

白银种类区别

纯银，即为含量接近100%的金属银。但由于银是一种活泼的金属，容易与空气中的硫起化学反应，生成硫化银而使其变黑，因此生活中的"纯银"一般指含量99.9%的白银或者含量92.5%的925纯银。做成首饰后会打上印记：Ag9999、Ag999、Ag990、S999、S990、S925。

足银，含银量千分数不小于990的称足银。是含银的纯度为99%的银首饰。印记为S990。

泰银，概念上就是925银，是一种做旧复古工艺的特殊称呼，又叫"乌银"，含银量包含92.5%、99%、99.9%，纯度高的比较少出现。泰银是在银首饰上氧化形成银硫化合物，色泽乌黑，与白银的光洁银白形成鲜明对比，产生特殊的视觉效果。由于经过了特殊处理，长期不易变色。别具一格的质感和色泽，使这种首饰粗犷而古朴。泰银首饰印记为925或者S925。

藏族"嘎乌"
清代　西藏　直径11.5cm
摘自《中国民间美术全集·饰物》

苗银，是对贵州、云南地区的苗族为主的少数民族银首饰的统称，长久以来为此地区的重要首饰品和婚嫁用品。苗银都并非纯银，其他主要成分是铜银合金。其主要特点是苗族地区手工打制作，图案精美，富有寓意。

施洞苗族银角
现代　贵州　高50cm　宽33cm
摘自《中国民间美术全集·饰物》

藏银，一般不含银成分，是白铜（铜镍合金）的雅称，传统上的藏银为30%银加上70%铜。因为含银量太低，所以现在市场上已经不多见了，基本都是白铜代替。

1.3 铜

铜

铜是人类最早发现和应用的金属。

早在石器时代,人们就开始采掘露天铜矿,并用获取的铜制造武器、装饰物及器皿,铜的使用推动了早期人类文明的进步。

铜具有许多优良的特性,它与金、银在元素周期表中同属一族,因而具有与贵金属相似的优异物理和化学性能。它可塑性强、易加工、耐腐蚀、无磁性、美观耐用又可以再生。

铜能与许多其他金属形成合金,例如黄铜、青铜、白铜等。如今,随着人类文明的进步,铜的新用途也不断地被发现和认识。无论现在还是将来,铜都是非常重要的金属。

紫铜

"紫铜"是铜的俗称,因为铜表面呈紫红色光泽,也叫"红铜"或"赤铜"。铜是一种坚韧、柔软、富有延展性的金属。它是一种存在于地壳和海洋中的金属。铜在地壳中的含量约为0.01%,在个别铜矿床中,铜的含量可以达到3%~5%。自然界中的铜,多数以化合物即含铜矿物存在。

铜簪
簪长9~13cm

铜丝

龙首铜簪
簪长11cm

铜片

人物铜簪
簪长9cm

重点

铜(Cu)
英文:Copper
熔点:1083℃
相对密度:8.9

铜合金:黄铜、白铜、青铜
黄铜——铜锌合金
白铜——铜钴镍合金
青铜——铜锡合金等(除了锌镍外,加入其他元素的合金均称青铜)

青铜

青铜是人类历史上一项伟大发明，它是紫铜和锡、铅的合金，也是金属冶铸史上最早的合金。在铜合金的分类中，黄铜和白铜（铜镍合金）以外的都称为青铜。青铜发明后，立刻盛行起来，从此人类历史也就进入新的阶段——青铜时代。

藏族玉花黄铜火镰
清代　西藏　长7cm　高5cm
摘自《中国民间美术全集·饰物》

青铜饰件（1组）
春秋战国　长2.5～6.9cm
摘自《中国民间美术全集·饰物》

白铜

白铜是铜镍合金，硬度高，抗腐蚀，呈洁白如银的金属光泽，故名白铜。当把镍熔入紫铜里，含量超过16%以上时，产生的合金色泽就变得洁白如银，镍含量越高，颜色越白。白铜中镍的含量一般为25%。

由于白铜首饰从色泽、做工等方面和纯银首饰相似。有的不法商家把白铜首饰当成纯银首饰来售卖，鱼目混珠来牟取暴利。但仔细观察还是能发现两者的区别，白铜的颜色更接近灰白色，茬口呈砖灰色，生绿锈；与相同厚度的白银相比，白铜的硬度更高。

黄铜片

白铜首饰

白铜首饰

黄铜

黄铜(Brass)是铜及锌的合金，因色黄而得名。铜含量62%～68%的黄铜，其熔点为934～967℃。黄铜的机械性能和耐磨性能都很好，可用于制造精密仪器、船舶的零件、枪炮的弹壳等。含锌量不同，也会有不同的颜色，如含锌量为18%～20%会呈红黄色，而含锌量为20%～30%就会呈棕黄色。

2 首饰工具用品

2.1 测量切割

测量工具

电子秤

有可随身携带的电子秤,也有体积庞大的台秤,用来称金属或宝石的质量。

塑料戒指尺

一般用于测量戒指蜡模的大小。

卡尺

卡尺有比较精确的游标卡尺,也有一般的铜卡尺。卡尺主要测量工件,尤其是圆形工件的内外直径,测好直径后可把卡尺口固定住,以便重复加工时使用而不必重新校正。

圆规、机剪

可以用它来测量相同的长度,或是用它来画平行线以及其他刻画工作。

戒指尺

戒指尺用来测量戒指内圈的大小,也称指棒。通常戒指尺约30cm长,在戒指尺上刻有33个不同的刻度,从1号~33号,1号直径为12mm,33号的直径为24mm。

内卡尺

测量工件的孔和槽的尺寸,还可以测量宝石的戒面大小。

放大镜

首饰用的放大镜有很多规格,折叠式、抽拉式、手持式、台式和带LED灯头盔放大镜等,放大的倍率也有很多种,比较常用的有10倍、20倍、30倍等。

戒指圈

戒指圈与戒指尺相配套,它主要用来测量手指的粗细。戒指圈也称指环,通常由33个大小不一的金属圈组成,根据手指粗细选择合适指环,这样就可以确定待加工戒指所需的圈号,镶嵌时照此号码加工就可以了。

切割工具

锯条

　　锯条有粗细之分,锯齿有大小差别。大小不一的锯条有不同的型号,如3/0、2/0、1/0等相对粗大的锯条用于下料,主要锯直线或弯曲度大的工件。相对细小的锯条操作起来比较灵活,一般多用于镂空,即先在金属片钻一小孔,然后将锯条插进孔后再固定在锯弓上,按照早先画好的形状锯开,锯完后将锯条解下来。

卓弓

　　卓弓俗称锯弓,首饰加工用锯弓比较特殊,形状小巧,全长约30cm,操作十分灵活。锯弓是用铁制作的,有固定锯框和可调节式锯框,锯柄多为木头。锯弓两头有两个螺丝,用来固定锯条(也称卓条)的。

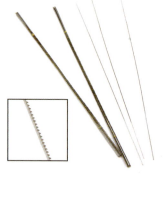

侧口剪钳

　　侧口剪钳用来修剪金属边缘,或是剪断金属丝。

黑柄剪钳

　　黑柄剪钳可用来剪切薄金属片和金属丝。

平头剪钳

　　平头剪钳 一般用来修剪工件的顶端,可剪切很小段的金属丝,例如银丝、铜丝、金丝等,但不可剪切不锈钢丝。

剪钳

　　剪钳比黑柄剪钳更有力一些,可用来剪切稍厚一点的金属片或金属丝。

2.2 弯折打磨

弯折工具

手钳

　　金属加工用的手钳多种多样,各有各的用途。弯折的手钳有圆嘴钳、平嘴钳、尖嘴钳、圆嘴平嘴钳等。

　　尖嘴钳和圆嘴钳主要用来弯曲金属线和金属片。平嘴钳和方口钳则多用来弯直角等工序。

　　圆槽钳能将金属片或金属线弯曲成固定的弧度,而弯曲部的外面不留痕迹。

平嘴钳

圆弧钳

圆嘴平嘴钳

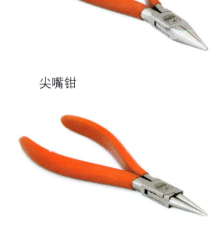

尖嘴钳

圆嘴钳

平行钳

夹钳

　　夹钳主要起支撑和固定的作用,小件手很难把控,如固定在夹钳中,手握夹钳就比较好操作。

打磨工具

锉刀

　　首饰加工用的锉刀种类很多,规格大小不一的锉刀应有尽有。

　　平锉主要用于锉平面和外部直角。

　　圆锉和半圆锉主要用于加工圆形内圈或从金属板上掏圆、掏半圆等。

　　三角锉和方形锉则多用于加工内角部位和从金属片上锉开三角形缺口等。

大平锉

　　一般粗加工多用这种大尺寸粗齿的平锉和半圆锉。

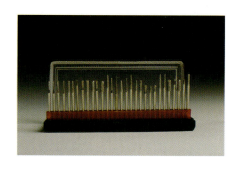

金刚砂磨针

　　有针形、柱形、圆头等。是打磨过程中使用比较多的配件,比如修磨开口轮廓、修边角、去毛边刺、刻图案、做肌理等。

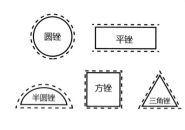

锉的横截面

什锦锉

　　什锦锉,细齿,一般用于精细工件的打磨。

精工锉

红柄锉

　　红柄锉多用于粗加工。

有柄胶轮

砂轮磨头

　　一般与吊机配合使用。有不同规格,形状大小不一。

2.3 成型工具

窝砧

窝砧主要用来加工半球形或半圆形部件。应注意的是加工部件的尺寸比窝砧上的凹坑要略小。

方铁

方铁是敲打金属的垫板。台面上可敲平金属片或砸薄金属片，可将金属条敲直或砸细，还可将部件放在方铁上进行剔花、刻花等加工。

戒指铁

戒指铁可以用来支撑戒指圈，将戒指放在戒指铁上敲击，来整圆或扩大戒指圈。焊接戒指也离不开戒指铁。

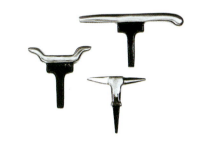

冲头

圆头的冲头是配合窝砧使用。这些冲头有金属的，也有木制的，操作时可根据需要选用。金属的冲头加工材质较硬的部件。木制的冲头加工较软的工件，它对部件加工后不留痕迹。

铁砧

金属加工成形的工具，制作金属器皿时用到较多，大小形状不一。

手镯棒

手镯棒方便整形，敲制圆弧和手镯，形状有圆形和蛋形两种，材质有金属和木质之分。

沙袋

敲打器物时，垫在下面，辅助作用。

錾子

　　用工具钢打磨而成，最常用的錾子有大小不等的勾錾、直口錾、双线錾、发丝錾、半圆錾、方踩錾、鱼鳞錾、鱼眼錾、尖錾等多种。另外，根据加工对象不同，可特制一些异形錾子。

榔头

　　一端为平头，另一端为锥形的榔头。平头用来敲击工件的平面，以延展金属的平面或加工方形、菱形等工件。榔头的铲形头和锥形头用来敲击工件细小的地方，或将金属片直角弯曲。

造型锤

　　造型锤的锤头形状很多，根据不同工件形状的制作要求，可选用相对应的锤子。体形娇小精致，可塑造相对较小的器物。

胶锤

　　胶锤的锤头表面柔软，不会损伤所敲击的工件。

异性榔头

　　异性榔头较大，打制银器时与各种铁砧配合使用。

木槌

　　木槌则主要用于延展金属片或加工大块的工件，它不会在其表面上留下痕迹。根据加工部位不同，有各种形状的木槌。

钻孔定位器

　　在打孔之前,先用它尖头在需要钻孔的位置敲击来定位,可防止钻孔时偏离位置。

粗麻花钻

拉丝板

　　拉丝板有不同规格,可用来制作各种粗细和形状不一的金属线材。比较常见的有圆形孔拉丝板、四方形拉丝板和半圆拉丝板等。

圆孔拉丝板

麻花钻

　　麻花钻有不同规格,可钻取直径大小不一的圆孔。需要配合手动钻孔器或电动吊磨机。

方孔拉丝板

六边形拉丝板

电动吊磨机

　　电动吊磨机用途广泛,机器手柄夹头装上各种磨头之后可以进行钻孔、打磨、抛光、雕刻、切割等金属加工和玉石加工雕刻等。

螺丝模具

护目镜

2.4 焊接工具

焊接熔金工具

焊瓦

　　焊瓦又称为高温耐火砖,退火或焊接时的隔热台。

蜂窝焊瓦

　　蜂窝焊瓦是有蜂窝状孔洞的高温耐火砖,使金属工件在焊接时受热均匀。

焊夹

　　焊夹有不同规格,焊接时,可根据工件的大小选择不同的尺寸。

辅助夹具

　　辅助夹具俗称第三只手,铸铁底座,上有可调节活动的弹簧夹,焊接时,夹住工件固定用。

隔热反弹夹

　　除了在焊接时固定工件之外,手柄处有两块木质隔热板,可以方便手持。

8字夹

　　8字夹形似葫芦,也叫葫芦夹。在焊接时,夹住工件固定,方便操作。

辅助焊架

　　铸铁底座上有可调节活动的弹簧夹,装有耐火戒指棍,焊接环形工件时可套用。

手持焊枪

　　手持焊枪便携性强,可充火机气,可调节不同的温度,用来金属退火、焊接和熔少量金。

氧焊枪

　　氧焊枪可焊接铂金不锈钢等金属,可换喷嘴,喷嘴的型号决定火焰的粗细。

淬火杯

　　金属焊接或退火后用来冷却。

钢盅钳

条块油槽

坩埚

　　坩埚也叫熔金碗或熔金锅,金属熔化的器具,根据金属的数量不同选择不同大小规格。

片材油槽

硼砂

　　硼砂是一种白色的结晶粉末状物质,极易溶于水。在首饰加工中多用于熔金和焊接,主要起到助熔剂作用。

石墨油槽

　　根据熔金的大小,可滑动表面上的沟槽。石墨油槽有良好的热稳定性、热传导性和耐高温性。

两用油槽

　　模具一面可以浇铸出金属线材,另一面可浇铸出片材。

2.5 蜡雕镶嵌

蜡雕工具

牙科洁治器

雕蜡刀

蜡管和蜡线

刀片和刀柄
　　手术刀片可替换。

电烙铁

蜡片

圆钻
　　雕刻针,配合吊机使用,可在工件上钻圆洞。

可控电烙铁

蜡锉
　　蜡锉齿很粗,是用来修锉蜡模大形的锉刀。

狼牙棒
　　雕刻针,配合吊机使用。

电蜡笔

镶嵌工具

火漆
　　火漆加热会变软,冷却变硬。在镶嵌时起到固定的作用。

石铲

飞碟针
　　雕刻针,配合吊机使用。镶嵌时用于宝石定位开槽。

伞针
　　雕刻针,配合吊机使用。镶嵌时用于钻取宝石位。

宝石夹

冬菇索嘴

镶石铲刀

镶石座

吸珠套装

圆球柄

镶石套装

2.6 清洗抛光

清洗工具

明矾杯
煮盛明矾水,可加热。

擦银布

超声波清洗机
需加入清洁剂,靠高频率震动去除污渍。清洗首饰速度快,无损伤。

不锈钢刷
不锈钢刷有不同规格,可清洗银色金属工件上的赃污。上图为细长的不锈钢刷,可用来清洗戒指。

铜丝刷
铜丝刷有不同规格,4排、6排、8排铜丝刷不等。可清洗黄色金属工件上的脏污。

抛光工具

抛光机

戒指内抛棒

缝纫布轮
安装在抛光机上,使用抛光蜡,对物件表面粗磨,去毛刺。

绒布轮
安装在抛光机上,使用抛光蜡,可抛出镜面效果。

各种材质的抛光轮

有柄布轮

抛光绿蜡和白蜡

上光红蜡

用于金银最后抛光的润色和上光，配合羊毛轮和棉布轮。

紫抛光蜡

一种水溶性动物脂肪抛光化合物，质地细腻，易清理。低速抛光蜡，配合毛刷轮打磨复杂表面，易去除各种金属的表面划痕。

有柄毛扫

玛瑙刀

玛瑙刀头部为天然玛瑙，表面光滑圆润，适合金属首饰的手工抛光、压光。

粉红抛光蜡

一种水溶性动物脂肪抛光化合物。质地细腻，易清理，用于不锈钢和铂金的最后润色上光。

有柄绒布轮

钢压光笔

整只笔为钨钢制成，作用与玛瑙刀相似。

抛光红蜡

使用布轮和羊毛轮，做最后的抛光。

有柄绒轮

3 退火、熔金

退火主要目的在于降低硬度,改善切削加工性,同时来消除金属的残余应力。如果这些应力不予消除,将会引起加工件在一定时间以后,或在随后的切削加工过程中产生变形或裂纹。因此在加工过程中,当金属出现应力现象时或硬度变强时,对金属进行适当的退火是有利于避免金属疲劳产生变形与裂纹。

不同金属到达退火点时呈现出的现象:

铜呈现深粉红色 600~700℃
银呈现暗粉红色 600~650℃
18K金呈现深红色 650~750℃

紫铜退火

(1)将要退火的紫铜件置于焊瓦上,打开焊枪。

(2)焊枪的火均匀加热铜件,不可只固定加热一点。

(3)慢慢加热,会发现铜件颜色逐渐加深。

(4)加热到铜件通体呈深粉红色退火完成。

银退火

如果加热温度过高或不均匀就会出现如图褶皱的现象。

(1)大银片退火,先从一个点开始加热。

(2)缓慢向里推移加热。

(3)大火蓝焰均匀加热银片。

(4)加热到银片通体呈暗粉红色,退火完成。

溶金

将金属放入坩埚,焊枪的火力开到最大,均匀对金属加温。当金属呈现深红色时,表明金属即将熔化。当金属开始熔化时,可以适当地加一些硼砂,可以帮助去除金属表面的一些杂质,同时有助于金属熔结在一起。

(1)将银料放入坩埚,焊枪的火力开到最大。

(2)焊枪均匀加热银料,呈深红色即可熔化。

(3)其中可适当加一些硼砂,有助于金属熔合。加热到银料呈流动的液体状。

(4)加热油槽,并保持银料的流动状。

(5)将熔化的银料快速倒入油槽中。

(6)静置等待银料冷却。

(7)当要做成银丝时,银料可倒入管状的油槽中。

不同情况的银柱

如果模具未夹紧,银料倒入时会有泄漏。

如果模具未加热,银料在冷却过程中,会产生波浪状的效果。

如果银在化料时温度不够,流动性不足,倒料时就会产生这种情况。

4 金属轧片

4.1 轧制标准型材

轧片机是极为重要、实用的机器,是首饰工作室中不可缺少的设备之一。主要是为改变金属片的厚度和金属条的粗细长度。

轧片机分为手动和电动,两者的工作原理都是一样的。

手动轧片机

电动轧片机

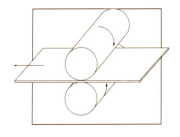

轧片机的基本原理:

轧片机是金属片通过上下两段圆钢辊中间,转动钢辊轧压成型,这个过程会使金属变薄变长。通过两侧的调节螺丝调整钢辊之间的相对距离,来控制金属片的厚度。

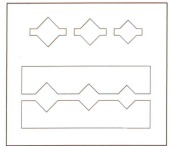

条形轧孔截面

轧片时,金属纯度不够容易开裂

轧条的横截面

注意要点:
(1)每次压轧厚度跨度不要太大,可以避免金属疲劳开裂。
(2)轧条、过孔时不要跨度太大,否则边缘容易起皮。
(3)电动轧片机钢辊转动较快,用手拿着金属件向轧片机插入时,放手要尽量快,以免钢辊把手挤坏。
(4)禁止将钢一类的金属放入轧压。
(5)调节轧缝时一次不要太紧,否则容易损坏机器。

(1)先将金属片放入两个圆钢辊之间,调节好合适的厚度。

(2)启动电源开关,金属片会自动辊轧至另一边。

4.2 印压特殊肌理

肌理印压：

将肌理材料夹在黄铜与工作面材料之间，通过轧片机进行轧压，可以在工作材料面上产生相应的肌理。这种技法在金属表面创作中极为实用。

蕾丝

砂纸

麻布

稀麻布

铁丝网

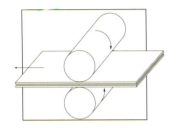
印压肌理的示意图

三种材料从上至下分别是：
黄铜
肌理材料
工作面

蕾丝压印效果

砂纸压印效果

麻布压印效果

压印麻布肌理
三种材料从上至下分别是：
黄铜
麻布
银

稀麻布压印效果

铁丝网压印效果

推荐肌理材料：
粗麻布
绸带
砂纸
丝网
细绳
纸张
金属丝

练习：
用多种材料尝试压轧金属表面肌理效果。

5 金属拔丝

5.1 拔制标准线材

金属线材非常实用,通常用来制作花丝工艺品、编织花样、镶石的爪钉、耳钉针等,直径大小不一的金属线材要依靠拔丝板才能制成。常用的拔丝板的孔洞形状有圆形、三角形、半圆形、方形、长方形和梯形等。

拔丝是通过拔丝板使金属丝形成多种不同的形状,横截面种类如下。

圆孔拔丝板

圆孔拔丝板横截面：●
其他种类的拔丝板横截面：

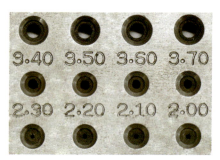

拔丝板孔口是用特殊的钢材制作的,无比坚硬,不易变形。拔丝板的孔口大小不等,根据加工的需要,可选择合适的拔丝孔拔丝。

在拔丝板上拔丝,需先将金属块敲打成粗线条,并将其一端锉成长锥形。

完全退火后,将银丝长锥形一端穿过拔丝板合适的孔口,便于拔丝钳夹住这端将其拉过。

用拔丝钳将其直直地拉过孔口,逐次拉过较小孔口,直到适合为止。
当金属线变硬和很难操作时就进行退火处理。

手动拔丝机

如果用手动拔丝机拔丝,将拔丝板固定在拔丝机一端,用其转轴上的夹钳夹住穿过孔口的金属线头。

顺时针摇动手柄,金属丝就可拉过拔丝板的孔口。

线材的不同造型

不同形状的丝经过扭曲，产生丰富的造型，这在设计过程中经常被使用，中国传统称为花丝工艺。制作方法可分为掐、填、攒、焊、堆、垒、织、编等。

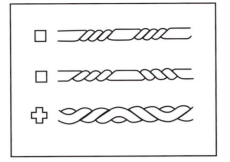

单股丝扭曲的形状

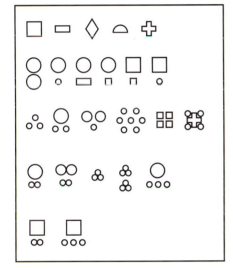

不同形状丝的组合

单股丝一个方向的扭曲

单股丝两个方向的扭曲

两股圆丝搓制而成的造型

两股细圆丝和一股粗丝搓制而成的造型

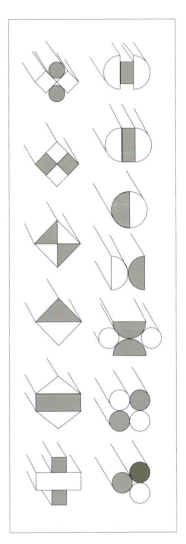

可以有不同材料的丝组合扭曲

5.2 拔制空管型材

(1)取一块合适宽度的银片。

前部要尖

(2)把该银片的一端剪成尖角形。

(3)把银片放在圆棍与坑铁之间，敲弧，特别是前面尖角处。

(4)反复敲打几次，让整根银片都呈现弧度。

(5)再用胶锤把尖角处敲成可通过孔洞的形状。

(6)退火使其变软，方便通过拔丝板的孔口。

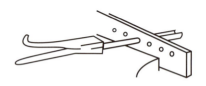

拔丝钳与拔丝板使用示意图

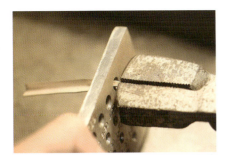

(7)在银片上抹上蜂蜡或涂上油,便于拔制。尖角穿过孔口,拔丝钳夹住尖角处。

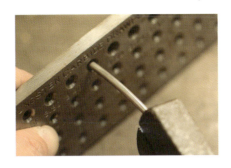

(10)循序渐进地从大到小穿过拔丝板的孔口,让边缝越来越小。

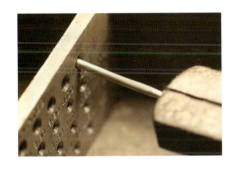

(8)使用拔丝钳用力将其拉过,空管就慢慢成形。

(11)拉到一定程度很难通过孔口时,要进行退火处理。

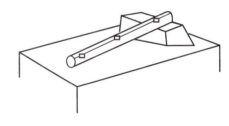

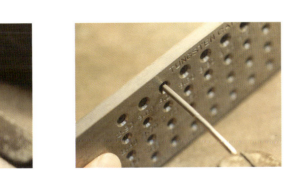

(9)随后将线头插进下一个较小的孔口将其拉细。注意边缝的闭合度,不宜有空间。

(12)直到拉出来的管很难看到缝隙,并且得到合适的尺寸,说明空管拔制完成。

(13)把缝隙焊上,空管完成。

如需焊接在其他部件上,可先不用焊接,待到需要和部件结合时,再进行焊接。

6 金属锻造

6.1 金属表面锻造

(1)敲肌理,选择合适的造型锤的锤头形状。

(4)敲击过程节奏平稳,有利于锤痕的匀称度。

(2)锤口与银片成45°均匀敲击。

(5)换角度,与原来的锤痕成90°,交错锤击,控制间隙,安排好疏密节奏。

(3)注意锤口平行与接触面,观察锤痕线条均衡,调整敲击力度和角度。

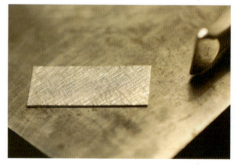

(6)不要重复敲击,以免纹样模糊。

直边造型锤交错锤击样本,可自行调整角度和疏密,会有多种纹样变化。

圆平头造型造型锤边角锤击样本,可自行控制力度、疏密和角度,能够叠加出丰富的纹样变化。

十字纹样造型锤击样本,可自行调整疏密叠加,增加纹样变化。

尖圆头造型锤锤击样本,可自行调整力度疏密,叠加变化。

直边造型锤

圆平头造型锤

十字纹样造型锤

尖圆头造型锤

6.2 金属成型

(3)用剪钳,沿机剪留下的刻痕剪下这段银片。

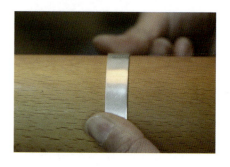

(6)整形后,在手镯棒上将银片压成圆环状。

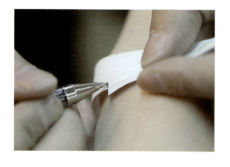

(1)首先剪取一张合适大小的纸条,在手腕上测量,确定需要制作的手镯尺寸。

(4)剪下的银片会自然卷曲,用胶锤在方铁上进行整形。

(7)不平整的地方再用胶锤整平。

(2)根据所量的尺寸,用机剪在银片上定位。

(5)平面敲平后,还要将银片竖起来整平。

异形铁砧

（8）在异形铁砧上找到适合的弧度，把银片放在曲面上，挑选适合的形状的木槌。

（11）手镯收口处，应根据收口的形状，反复敲击整形。

（14）两边弧度需要不断地调整，以保持两边的对称。

（9）先用木槌敲击银片的中线部位，便于确定大致形状。

（12）因为是椭圆形手镯，敲完大形后，在手镯棒上先拗出一边弧度。

（15）再用金属的造型锤稍做调整，保证弧度顺滑平整。

（10）木槌敲击的力度要均匀，走线要平稳。

（13）再拗出另一边的弧度，修大形，也可借助胶锤帮忙调整。

（16）确定大形后，用火枪进行退火处理。

（17）敲肌理，选择合适的造型锤的锤头形状。

（20）肌理锤敲完毕后，在沙垫上用木槌整形。

（23）用锉刀修整细节线条，使之流畅。

（18）沿着中间向两侧锤敲肌理，注意力度不可过强，以免变形。

（21）在平面铁砧上用木槌修平整。

（24）注意手镯开口处要修整光滑。

（19）两侧边缘处注重形的调整。

（22）在木手镯棒上修整弧面线条。

（25）最后抛光完成。

7 焊接

焊接技术是首饰制作最重要的基本功之一，要求火力均匀，焊点不留痕迹。焊接技法易学难精，需要长时间练习，掌握火候的控制度尤其重要。

焊接需要焊片和焊剂，先在焊缝上涂上焊剂，同时用焊枪火焰把焊片熔化成焊珠，并把焊珠放在接缝上，随后用焊枪把焊珠熔化在接缝中，冷却后接缝就连接上了。

焊片主要分高焊、中焊和低焊三种。高焊通常用于工件的最初焊接，包括连接较大部件的基本焊接。中焊往往是在高焊之后使用，有时焊接应把中焊焊片剪成细小碎片，以免熔化中焊时把初焊的焊口再次熔开。低焊是一种熔化后有很好流动性的焊料，它多用于高、中焊之后。低焊常常用于定位和焊接一些细小的地方。另外，还有一种极低温的焊片，它在低温焊接中非常有用。

银焊药配比

名称	银	铜	锌	熔点
高	76%	21%	3%	773℃
中	70%	20%	10%	747℃
低	60%	25%	15%	711℃

焊接过程中，另一项很重要的助焊剂是硼砂。在焊药熔化之前，会在金属表面形成防氧化保护层，帮助焊药与金属的结合。

焊接所用到的工具：
(1)不同尺寸的焊夹
(2)葫芦反弹夹
(3)反弹隔热镊
(4)焊瓦、耐火砖
(5)蜂窝焊瓦
(6)焊枪
(7)淬火杯
具体可参见第二部分的首饰工具用品——焊接工具

焊接要领：
(1)焊接处密合度要好
(2)表面要清洁
(3)焊接处硼砂要均匀
(4)加温要均匀
(5)焊药流动方向要把握好，焊药是朝着温度高的方向流动
(6)焊药尺寸要适当
(7)密封焊接要留小孔，比如焊接球体

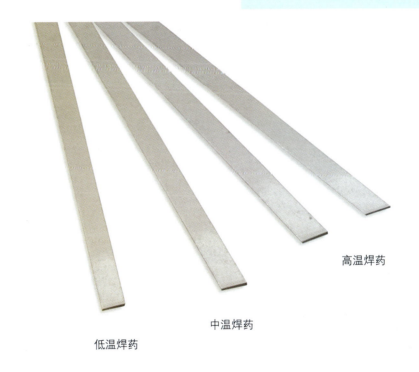

高温焊药

中温焊药

低温焊药

银焊药的熔点是通过锌来控制的，在焊接的过程中，焊药每熔化一次，熔点就会上升，是由于锌在液态下很容易蒸发。同时，由于锌的蒸发，在焊接处会留下焊痕。因此，最好不要多次重复焊接。

7.1 圆环焊接

(3)用锯弓把多余的银条两端锯掉,得到适合的长度和平整的焊接口,并打光接口。

贵金属通常用气焊融化焊药连接在一起。金属在焊接之前,必须清理干净金属表面的氧化物,同时连接处要很紧密地接触,最好没有缝隙。因为熔化的焊药沿着边缘流动,如果缝隙太大,焊药就很难流到。所以在焊接之前,表面处理一定要做到位。

(1)按所需长度切割一段银条,退火后,在戒指铁上压弯,呈圆环状。

(4)然后把银条的两端焊接口调整合适,两端呈闭合状。

(6)用绑丝缠绕在圆环两侧,使用钳子将其扎紧固定,以便减少焊接口的缝隙。

(2)用半圆/平头钳将银条两端错位对齐,呈交错相叠。

(5)准备好固定用的焊接绑丝。

(7)用反弹隔热镊固定好圆环,用毛笔蘸取硼砂水涂在焊接口上。

7.2 片材焊接

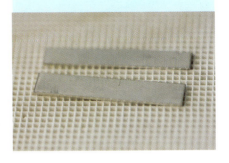

(1)准备好两块需要焊接的银片，修锉平整银片焊接接触口。

(2)放好要焊接的银片位置，两者之间不能有任何间隙。

(3)如果片与片之间很难固定，可用绑丝扎紧。然后在焊接处加上适当的硼砂水，加速焊药熔化。

(8)焊药放在焊接口的中间，用焊枪均匀加热整个工件。硼砂会呈现白色颗粒状，这个过程焊药容易移位，因此要注意温度均衡。

(9)待整个工件加热至暗红色，把火焰对准焊口迅速加热至焊药熔化。看到银白色焊药流进焊口缝隙，即可停止加热。

(10)焊接完后，放入明矾中煮白。检查焊口是否焊接妥当，如有遗漏，可再进行补焊。

焊接中出现的问题：

(1)没有焊牢或焊住：温度不够、金属表面太脏、没有硼砂、火吹时间太长。

(2)焊药起球：热度离接口太远、金属和焊药太脏、火直接对着焊药吹。

(3)焊药流到一边：接口两头受热不匀。

(4)焊口相接不好，接缝跨度太大。

(5)接缝太脏，以前焊接后残留的硼砂影响很大。

(6)接口处有硫酸残液。

(7)工件的加热温度不够。

(8)对加工部件而言，焊枪的火焰太小。

(4)在焊接缝隙之间均匀放置剪成小片的焊药。

(7)用火整体加热,使焊件呈暗红色,说明快要接近焊药的熔点。

小贴士:

当焊接的位置不正或想移动原来已焊好的工件时,首先用铁丝把较大的工件拴在木炭块上,用隔热镊子夹住要移动的工件,同时在焊口处涂上硼砂后加热工件,看见焊片开始流动就用镊子拿起或移动工件。有时熔化贵金属或焊接工件时都要用木炭垫底,主要作用是加热快,并能保持热度。纯金焊接主要靠本身熔融连接,不需要焊接剂或焊片。

(5)打开火枪,慢慢地加热整个焊件,让硼砂助溶剂开始泛白熔化起泡然后稳定。

(8)继续用火加热焊件,一会儿熔化的焊片变成液状开始向接缝流动,此时在接缝处出现白而发亮的线条,焊接完毕。

(10)放入明矾水中煮白,去除焊接时产生的污迹。

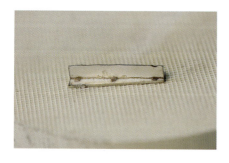

(6)提高温度加热整个焊件,焊药先变色。

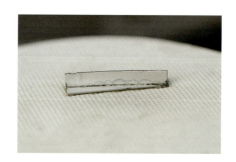

(9)熄灭焊枪后,稍待冷却后,淬火。检查整体焊接情况。

(11)煮白后,再次检查是否焊接到位。

7.3 针的焊接

(1)取件,修锉平整要焊接的部分,并准备好要焊接的银针。

(2)剪下小片焊药,加热使其熔化成球。

(3)夹住银针一端,另一端沾上硼砂水,接近刚才熔化的焊药。

(4)继续加热银针的一端,让焊药熔结在银针需要焊接的一端。

(5)用反弹镊固定焊件在焊瓦上,在焊件需要焊接处涂上硼砂水,缓慢加热整个焊件。

小贴士:
　　当需要把小块工件焊接到大块工件上时,首先在大件上涂上硼砂,并把焊片放在上面。然后用隔热镊子夹住大块工件,在接口处涂上硼砂,同时放上相同焊片加热使焊片开始流动,随即马上加热大块工件直至焊片流动,此时用隔热镊子夹住小块工件放置在大件工件的焊缝处,并继续加热使接缝焊片完全熔化,稍微冷却后淬火,酸洗,再用清水冲洗干净、烘干。

(6)夹取银针放到焊接处的正上方,继续加热整个焊件。

(7)夹住银针不让其移动,加热至焊药熔化流动,关闭火焰。

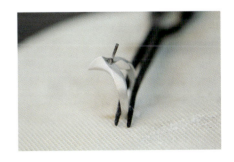

(8)冷却几秒钟后,淬火。检查是否焊接牢固。

酸洗

一些金属工件加热后因氧化会变黑,将其放入配好的酸液中浸泡除去黑色氧化物,这一过程就是酸洗。

用于酸洗的溶液种类有很多,比较常用的是明矾溶液和稀硫酸溶液。

明矾溶液清洗

明矾

十二水硫酸铝钾,俗称为明矾、白矾、钾矾等。首饰金属工件焊接后,放入水与明矾10∶1的明矾水中煮沸,可去除工件上的烧焊痕迹。取件后,必须用清水冲洗干净。

名称解释:

淬火就是退火或焊接完毕后,将高温的金属迅速投入水中冷却的过程。

(1)将焊接完毕的工件放入明矾水中煮白,去除表面污渍。

(2)变白后,从明矾水中捞起,用水冲洗干净。再次检查是否焊接牢固。

稀硫酸溶液清洗

酸洗粉

如在酸液中浸泡时间长一点,可将加工部件上烧焦残留的硼砂等污物都清除。前面已谈到,加热的部件放进酸液时会产生酸气,因此务必在有良好通风的地方工作。尤其要注意防止酸液喷出,否则会损坏衣物,甚至灼伤皮肤,最好工作时穿上厚棉工作服或皮革围裙。酸洗还有一种方法,将焊接后的部件先放进水中淬火,然后放进温和的硫酸溶液中,保持这种温度,这样清洗起来非常迅速,这种方法尤其适合表面加工精细部件的酸洗。还可以采用冷液酸洗,即把工件放进配好的酸液中浸泡一整夜,也能清洗干净,并且很安全,只是在不急于加工时使用此法。另外,淬火和酸洗后加工的工件仍有硫酸残液存在,放在水里冲刷后,将一匙苏打粉加入水中并把工件放进去后烧开,这样可清除残液。

小贴士:

在将部件浸泡酸液之前,要去除捆绑用的铁丝,金属线会污染酸液,使其变成粉红色,污染的酸液会使酸液中铁分子附着在部件表面,形成花斑。应记住酸洗时要用黄铜镊子夹放工件。

8 抛光

抛光、压光

首饰焊接酸洗后还要进行非常重要的一道工序——抛光。

抛光效果的好坏直接影响最后的成品效果。

金属首饰的抛光有很多方法：
布轮抛光机抛光
磁力抛光机抛光
滚筒抛光机抛光
压光

布轮抛光机抛光是利用高速转动的电机，在其转轴装上布轮，再往布轮上涂抹些抛光蜡即可进行抛光。除了各式布轮外，还可以换装戒指绒芯、毛刷、飞碟盘等。

抛光机必须安装防尘罩以减少危害操作人员身体健康的粉尘，同时还可以减少贵金属粉尘飘失。抛光机还必须配有回收贵金属粉尘的过滤箱和排风机。

K金和铂金饰品须通过机械布轮打磨才能光亮。

抛光前

（1）握住抛光机的转轴，先装入毛刷轮。

（2）启动电源开关，在毛刷轮上抹抛光蜡。

（3）双手持需要抛光的工件，缓慢靠近旋转着的毛刷轮。

（4）从头开始，有序而仔细地抛光每一个部分。

（5）不时变换角度，确保每个地方都抛到位。

（6）接着，关闭发动机，换上布轮进行下一步抛光。

（7）开启电源，布轮上抹抛光蜡。

(8)同用毛刷轮抛光操作。

(9)布轮上不时再抹点抛光蜡,不断转动工件确保表面都与布轮有接触。

(10)同样不能遗漏工件后背的抛光,完毕之后关闭电源。

(11)然后再换上绒布轮,进行精抛。

(12)绒布轮上抹红蜡,进行精抛。

(13)与前面相同的操作方式,直至首饰表面出现镜面效果。

(14)抛光后会比较黑,上面还有很多抛光蜡残留,之后要用超声波清洗机清洗。

抛光要求:
(1)工件表面必须光洁如镜,不能有任何锉痕、擦痕、焊痕和砂眼。
(2)工件抛光后造型美观不变形,线条流畅对称,边线圈口厚薄均匀而圆滑。
(3)抛光后首饰接口不明显且整齐光滑。

磁力抛光

磁力抛光机是采用磁场力拖动不锈钢针磨材,产生高速旋转跳跃运动,从而达到去除毛刺、抛光、洗净等多重效果。它可以在工件内孔、死角、夹缝表面摩擦,一次性高效达到抛光、清洗去除毛刺等精密研磨效果。

磁力抛光机

磁力抛光机里的钢针

滚筒抛光

滚筒式抛光机

滚筒式抛光机由转动机座和透明有机玻璃滚筒组成。滚筒内装有1/3的不锈钢抛光颗粒,这些不锈钢抛光颗粒有球形、钉形、棱锥形、柱形等,加上清洁剂和半滚筒清水就可抛光。

滚筒可以随意从机座上拿下来或放上去。滚筒一端的圆形板上有一圆口,这个圆口有一密封盖,盖上盖转动滚筒不会漏水。

抛光首饰时可从圆口放进或拿出待抛光的工件。滚筒式抛光机可双向转动,并可持续转动十几、二十个小时。它适合纯金项链和戒指的抛光,并且可批量抛光首饰。

压光

金属首饰的压光工具有玛瑙笔和钨钢笔。

玛瑙笔的玛瑙刀有剑形和刀形,玛瑙刀有的安装在手柄上。

(1)清洗完毕后,需局部压光的首饰。

(2)手持玛瑙刀,蘸上些水,用力在首饰不光亮处来回压制。

(3)首饰中被玛瑙刀压过的地方就会呈现光滑明亮的效果。

(4)用玛瑙刀压过光和没压过的对比效果。

9 清洗

抛光后的首饰必须进行清洗,将首饰缝隙中及表面上的抛光蜡和灰尘等污物去掉,这样首饰表面才能光洁明亮,成为一件完整美观的首饰工艺品。

首饰抛光后的表面残留的污物主要是抛光蜡,一般说来只要去掉抛光蜡就基本可以洗净首饰了。

现在多采用超声波清洗机清洗抛光后的首饰。超声波清洗机主要利用声波与清洗的首饰和清洗筒壁的撞击、反射、穿透,以及声波与声波之间的相互作用而产生的强烈的震动,其冲击力对首饰表面的污物进行反复冲洗。同时声波使清洗液产生大量气泡,气泡不断地生成和裂开就产生较大的真空吸引力,这对首饰表面的污物也有迅速的乳化作用,乳化后的污物将失去附着力而分解进入清洗液中,从而达到清洗首饰的目的。

有的超声波清洗机可以加温清洗,加温清洗将更加有效和快捷。超声波清洗机清洗首饰是需要有专门的清洗液的,这种清洗液,俗称除蜡水。

也可以自己配制清洗首饰的清洁液,具体成分组成如下:洗洁剂50g/L,碳酸钠10g/L,氢氧化钠3g/L。

(3)将首饰完全浸没于清洗液中,等到表面抛光蜡和脏污完全去除为止。

(1)在超声波清洗机中加入清洗液。

超声波清洗机

(2)将要清洗的首饰放入超声波清洗机中,用钢丝或网兜系住,便于提取。

(4)首饰最后清洗后的效果。

10 部件制作

10.1 扣环配件的制作流程

8字扣是首饰链条扣中最为常用的配件,工艺相对简单容易制作,样式简单大方,运用广泛。

10.1.1 8字扣

(1)将火的外火焰对准银丝,烧至银丝呈橘红色,看到银丝顶端开始融化,适当晃动火焰,待银丝顶部聚集成球状即可。

(2)用圆嘴钳将银丝弯折成8字形,如图所示。

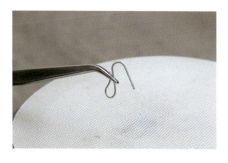

(3)将多余的银丝剪去,预留1mm左右的余量,用于圆球的制作。

(4)重复步骤1的方法,将银丝顶端熔成球形。

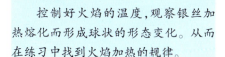

注意要点:

控制好火焰的温度,观察银丝加热熔化而形成球状的形态变化。从而在练习中找到火焰加热的规律。

(5)用圆嘴钳夹住8字扣的中间,压紧。

(6)在羊角砧上用平口锤将8字口的弯口处击打成扁状,以此增加8字扣的弹性。

(7)再用圆嘴钳将8字扣夹紧并调整形状。

10.1.2 11字扣

(1)用尖嘴钳将银丝顶端弯折成90°圆弧形。

(4)用圆嘴钳在扣环的中间夹紧。

(7)同样的方法制作另外一个,将两个扣从中间互套进去,就可以扣住。

(2)将银丝围绕圆嘴钳弯折成180°圆弧形。

(5)夹紧后,形成8字形。

(3)将另一端银丝在对称位置上弯出90°圆弧,与第一个端头相接,组成半圆形。

(6)将一端的圆弧中间处,用平口锤轻轻敲击,形成扁平形即可,增加了银扣的弹性。

10.1.3 合页

(3)将银片尖头一端插入拔丝板中,抽拔成型,需由大至小进行,根据设计要求掌握尺寸,成型所需的银管。

(5)用钢圆规等距的方法,在圆管上做四段标记。

(1)将0.6mm厚的银片的一端剪成尖角,放置在铁砧的圆弧坑处,从大至小逐步成型。

(4)根据设计要求,截取适当长度的银管,在银片上定位。

(6)用金工锯在标记处将圆管锯2/3深度。

(2)用橡胶锤将银片两边收紧。

注意要点:
(1)圆管壁的厚度需要计算准确,以免内径过小,合页固定杆不能穿进。
(2)修整合页圆管,使其边缘整体平滑。

(7)用木架固定银管,再用三角锉刀隔段锉平。

(8) 锉完之后，用金工锯进行做边缝的修整，呈90°圆弧形。

(11) 用火先微微加热，不可过快，防止硼砂水沸腾将焊药移位，等水分蒸发完毕，再加大火焰接触。

(14) 用金工锯将剩余的1/3银管锯掉。

(9) 将银管的断面对齐银片的边，要求居中对齐，用捆丝将其固定。

(12) 观察银片的颜色发亮红色时，焊药就会熔化呈液态状，完全流入接触的缝隙中，即可收火。

(15) 用三角金工锉进行修整。

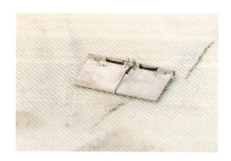

(10) 在银片与银管相接处，涂抹硼砂水，放置焊药。

(13) 将焊接好的物件，去除捆丝之后，放入明矾水中沸煮几分钟，即可去除表面的硼砂和焊接残留物。

(16) 测量好银管之间的空间距离，锯好两段银管。

(19)焊接过程中,注意火的控制,不要将已经焊好的部分过度加温,会容易引起脱焊。

(21)用银丝穿过银管,调试合页的灵活度与紧密度。

(17)修整银管直至适合于空间。

(20)清洗完毕,检查合页的圆管部分的紧密度。

(22)将银丝两端剪平,预留0.5mm的长度,垂直用榔头轻轻锤击,使两端的银丝头产生延展,就可起固定作用。

(18)将另一片银片对齐未焊接的银管,在焊接处点上硼砂和焊药。

注意要点:
铆接时,用力均匀,防止固定杆弯曲。

(23)两端的银丝轴头呈圆形,调试合页的灵活与松紧度,可通过锤击两端来调整。

10.1.4 盒子扣

(1)剪取10mm宽的银片。

(4)用线锯沿标记线锯至银片一半深度。

(7)银片的两段都要斜锉成45°。

(2)再分段量好尺寸,并做好记号。

(5)用三角锉沿先前锯痕,锉出90°角槽,深度要达到银片的4/5。

(8)修整完毕如图所示。

(3)以一边做基准,用直角尺画出直线。

(6)或用钩刀,也可以到达同样的效果。

(9)用平口钳沿槽口逐个折边。

（10）要求折到90°直角，注意力度的掌握，避免折断。

（13）在各个连接处点上硼砂与焊药。

（15）将方盒放置在银片上，注意银片要略大一点于方盒，并放置焊药与硼砂。

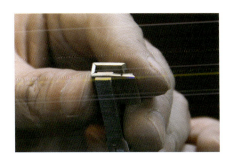

（11）在折第二节时，注意角度的调整。

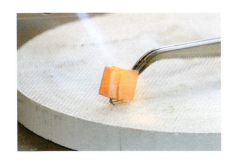

（14）加温焊件直至焊药都流入缝隙中。

（16）加热部件，看到焊药成流动的亮白色，表明已经完全焊接，如有断点说明焊药量不够或温度不均衡。

（12）用细铁丝将盒子绑紧，保持接缝的严密性。

注意要点：
（1）方盒的四个角度要计算准确。
（2）折角处的修整角度要略大于90°，这样折角时容易成型。

(17)将焊件置入明矾水中加温,去除焊接杂质。

(20)沿着定位线,锯至盒口的中部。

(18)将多余的边锉平,修整焊口。

(21)完成后,呈现阶梯状。

(19)修整完毕后,用钢规在口沿处画出宽0.8mm定位线。

(22)将事先剪好的银片平整地放入缺口处。

注意要点:

(1)保证部件的外围尺寸有微小余量,给后期打磨修整留空间。

(2)内尺寸要精准,直接影响卡口的紧密度。

(25)用金工锉修整焊接口,保持各边角呈90°。

(27)用圆锉修整沟槽的底端,使其顺滑。

(23)用反弹夹固定,然后焊接,注意控制火的温度。

(26)在口沿中间部分锯出宽0.8mm、长2mm的沟槽。

(28)将圆环焊接于盒子底部,注意保持圆环的垂直角度。

(24)将多余的银片锯掉。

注意要点:
卡口处槽的尺寸精准很重要,直接影响卡扣的紧密性。

(29)准确地测量出盒子的内径与外径尺寸,以及中间沟槽的尺寸。

(30)按尺寸准备好底面与卡扣的片料。

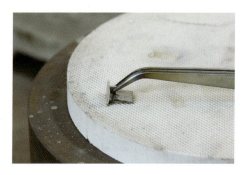

(33)将卡口小片焊接于卡扣的短边中间,不能与底面焊牢。

(31)卡扣片对折,上下片错位1mm,并注意保持弹性。

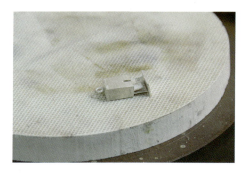

(34)卡扣推入盒子,发出"咔嗒"声,保证部件与盒子紧密结合。

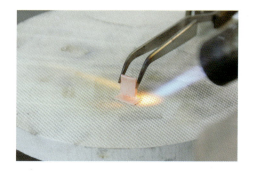

(32)将卡扣居中焊于底部银片上。

注意要点:
(1)卡扣的弹性和角度的控制。
(2)卡扣与卡盒的紧密度控制。

10.2 胸针制作流程

胸针

(1)取宽5mm,长12mm,厚0.6mm的银片,距边2.5mm处中心位置做记号。

(4)用平嘴钳将银片修成U字形,在U形底部倒角。

(7)修形,将针尾端5mm×5mm的银片修成圆弧形,嵌入U形中间,根据定位点打孔。

(2)距左右两边5mm处各用锯弓拉出沟槽。

(5)取丝,将头锉尖。

(8)取宽3mm的同厚度银片,窝成6字形。

(3)用三角锉修整沟槽。

(6)另一端焊上5mm×5mm的银片。

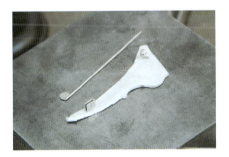

(9)将部件如图焊于胸针背面,取针装入U形部件,用丝穿过中心孔铆住固定。

10.3 戒指制作流程

(3)接缝处点上硼砂与焊药,焊接严实。

(6)同时将戒指外侧修锉平整光滑。

(1)取条状银料,用钳子固定中间,两边窝成圆环状。

(4)将戒指边修整齐,保持基本面平整。

(7)从戒指面等分锯开,直至戒指中间部位。

(2)在戒指铁上将部件整形成圆形。

(5)使用半圆锉修整戒指内侧,特别注意焊接处平整性。

(8)锯至如图所示的位置,特别要注意锯弓的使用技巧,要平稳匀速。

(11)镶石搁于戒面空隙处,确定石碗的位置。

(14)在标记位置上锯至银片1/2深度。

(9)用平嘴钳将锯开的戒指面掰开。

(12)测量镶石的长宽。

(15)沿锯痕用三角锉锉出45°,并用平嘴钳折出直角。

(10)注意戒面两边的均衡,把握对称,用力恰当,修整到位。

(13)根据镶石的长宽尺寸,先取长度在银条上确定位置。

(16)根据第一个折角位置,在银条上再次确定宽度位置。

（17）重复以上的操作步骤，最终折合出适合镶石尺寸的长方盒。

（18）将镶石放置与长方盒上调整盒子的适合程度。

（19）调整准确后，将多余的银片锯除。

（20）将开口处焊接，在各个折角处点上少量焊药焊接，增加其牢固度。

（21）用平嘴钳和尖嘴钳相互配合，调整盒子的角度与规整性。

（22）用锉刀将各个平面修整标准。

（23）用半圆锉在一边的台面修整出符合戒指圈的弧面。

注意要点：

（1）镶石的镶口要根据镶石的尺寸、形态进行设计制作，成功的镶口设计有助于提高镶石的美观度。

（2）镶石方式有很多种类，其目的是用金属固定镶石，因此可拓展思考镶口的形式。

(24)用1200#砂纸打磨戒指和长方盒,去除上面的锉痕。

(25)用弹簧夹将戒指固定好,将长方盒置于戒指台面上,调整准确,将两者焊接为一体。

(26)加热明矾水,将戒指上的焊接杂质去除干净。

(27)打磨干净,将镶石放于石碗之中,观察宝石腰部与石碗接触的紧密度。

(28)剪好四段同样长度的银丝,用于制作爪镶的爪臂。

(29)用小头菠萝钻在石碗的四个角上打磨出一道凹槽,这样有利于银丝的焊接与美观。

(30)用弹簧夹固定戒指,在石碗四角凹槽的焊接处点上硼砂。然后先用镊子夹住银丝,加热时点上一点焊药,再加热戒指,等发红时将银丝垂直靠在凹槽处,银丝上焊药将顺着流动到焊接处。

(31)焊接完毕,用小球钻在银爪与石碗连接处的内侧打磨出凹槽,每个银爪都要仔细打磨,不能打磨过深,容易断裂。

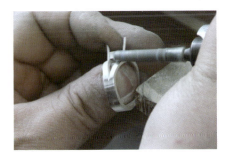

(32)将戒指抛光打磨,表面基本达到最终完成效果。

(33)将镶石平整放入石碗中,观察各个角度都到位后,用尖嘴钳将四个银爪折压住镶石。

(36)用金工锉修整四个镶爪,要大小一致,形状均匀。

(34)用水口剪将多余的爪剪除,检查爪口的牢固度和紧密度。

(37)最后检查戒指与镶口是否都已到达标准。

(35)用尖嘴钳压实爪口,查看镶石与石碗紧密度。

10.4 耳环制作流程

耳环

(3) 修平后,用圆嘴钳夹住顶端,并做顺时针扭转,形成一个镶口雏形。

(6) 将镶石放置在镶口上,比较其合适度,不合适者进行进一步修整,直至镶口合适。

(1) 剪取宽 3mm、厚 0.8mm 的银片若干,并退火。这些材料用于制作镶口和耳环的部件。

(4) 用尖嘴钳夹住弯好的镶口,锯掉多余的部分。

(7) 将镶口接缝处焊接。

(2) 首先制作镶口,取一条退过火的银片,用平口钳夹稳银片,使用大平锉把边缘修整齐。

(5) 将镶口套夹在圆嘴钳钳嘴顶部,用尖嘴钳夹紧并调整镶口圆度。

(8) 用圆嘴钳套夹紧镶口。

(9)用平锉修整镶口的平整度。

(12)用平锉修整两端,要保持平直。

(10)用尖嘴钳加紧镶口两端,精工细锉修整镶口细节。

(13)固定弧面银片,将镶口焊接在它的两端。

(11)下一步制作镶口之间的链接结构,先取一段银片,将其弯成弧形。

(14)检查焊接口是否完全焊接。

（15）先用银片比对一下长度,再按前面步骤制作另一部分。

（18）加热明矾水,将工件上的焊接杂质去除干净。

（21）用金工锉修整细节。

（16）用弹簧夹将两个工件固定好,调整角度准确,将两者焊接为一体。

（19）在顶部焊接上圆环。

（22）用1000#砂纸打磨表面。

（17）按制作好的工件为参考,制作另外对称的部分。

（20）安装上耳钩。

（23）镶口用菠萝钻头打磨出适合镶石大小的空间。

(24)将镶石平整放入镶口中,观察各个角度是否都到位,不到位地方进行修整。

(27)可用镊子柄平压镶口,增加紧密度。

(25)用镊子将镶石放入修整好的镶口中。

(28)检查镶口与镶石是否都已到达标准。

(26)用尖嘴钳压实镶口,查看镶石与镶口紧密度。

(29)检查完结构没有问题,就可以进行抛光处理。

11 镶嵌

11.1 包镶

(3)使用尖嘴钳固定银条,锉刀修锉平整银条的四个焊接口,使其合缝。

(5)焊接完毕,放入镶石,看是否合适。

(1)用游标卡尺测量镶石的长、宽、高尺寸,利用公式计算出其周长。

(4)将两个银条焊接牢固。

(6)用锉刀修整镶口的表面。

(2)取一定宽度和厚度的银条,根据镶石的周长确定银条的长度,二等分。用圆嘴钳分别将两银条弯曲成合适镶石的形状。

包镶是指通过金属边把宝石四周围住的一种镶嵌方法。它是镶嵌中最为稳固的方式之一,也是较为常用的镶嵌方法。

技术要求:镶石牢固、齐正,镶边光滑顺溜。

(7)加热火漆使其变软,以便镶口可嵌入其中。

（8）如图将镶口固定于火漆上，将镶口内的火漆用钢针挑除，确保宝石有合适的空间。

（11）再用锉刀把毛刺去除，使边缘平顺。

（14）用镊子按压镶石，不要用力太大，以免压碎宝石，确保宝石在镶口里平整。

（9）根据镶石的尺寸，用游标卡尺确定镶口包边的大小。

（12）用毛刷清理干净镶口，镶口的边缘尽量保持粗细均匀，宽窄一致。

（15）使用头部呈长方形的錾子，为防止镶石倾斜，以对称的方式推压镶边的金属。

（10）使用吊机，装上波钻，打磨掉多余的部分，并用推刀将镶边的内部铲低。

（13）放入镶石看大小是否合适，是否水平。根据试石情况，再进行修锉，直至吻合。

（16）用锉刀修锉镶边，并用小铲刀铲顺边线，使其线条流畅。

11.2 槽镶

槽镶的制作技法

（17）用火枪加热镶口周围的火漆，柔软后取出镶口。注意不要对着镶石加热，避免石头爆裂。

（18）用砂纸棒打磨镶口的边缘与四周，使其平顺光滑。注意避开镶石。

（19）完成后，检查镶口是否严密。

　　槽镶常用多粒小宝石有规律地呈线状或圆弧状排列。这一镶嵌技术用两条金属从两边夹持宝石。多用来镶方刻面形、梯方形和圆多刻面形等的宝石。槽镶就像一条铁轨，中间夹宝石，所以又称轨道镶。
　　技术要求：宝石牢固、不松动，宝石台面平齐，间距均匀，敲击边光顺整齐。

（1）准备好材料和宝石。

（2）取四根等宽等长的银条，把它们修锉平整。

(3)用钳子把所有银条拗成所需的弧度。

(6)用平嘴钳折出直角,其他三根也如上操作。

(9)用锯弓把多余宽度银条锯除。

(4)根据宝石的大小,留出所需镶口槽的宽度,锯到银板厚度的1/3处。

(7)将两根焊接起来,形成弧形的镶槽。

(10)一只手用尖嘴钳固定镶槽,另一只手用红柄锉把其表面初步修锉平整。

(5)在所锯的线上,用三角锉锉出一条V字形凹槽,直至厚度的2/3处。

(8)镶槽底部中间焊接小银条,以使其不易变形。

(11)无法用锉刀修锉的镶槽里面,采用锯条修磨细节。

（12）再次换用精锉修锉镶槽表面。

（15）把两个部件如图焊接起来。

（18）用圆嘴钳将瓜子扣的两尖头并拢。

（13）吊机装上800#砂纸棒，对镶槽表面进行打磨，然后再用1200#砂纸再次抛磨光滑。

（16）按比例大小，在镶槽顶部焊上吊坠的圈。

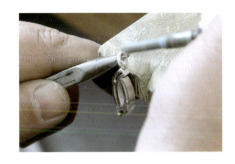

（19）瓜子扣装入主件的圈环中，焊住，将其用尖嘴钳固定，用砂纸棒进行打磨。除镶嵌外，吊坠基本制作完成。

（14）两个部件的制作步骤完全一致。

（17）锯出两头火中间宽的银片，制作吊坠上的瓜子扣。

（20）加热火漆，将吊坠嵌入火漆中固定，并将镶槽内影响镶石的火漆用钢针掏空。

(21)取条状银料,用钳子固定中间,两边窝成圆环状。

(24)用毛刷扫去表面残留的金属粉。然后先镶嵌蓝色宝石,把镶石逐一压入镶槽内。

(27)镶完一条,另条镶槽依据上面一样的步骤进行。

(22)根据镶石的大小,吊机上装上适合尺寸的飞碟针。

(25)检查镶石,务必使每颗宝石都保持在一个平面或高度上,固定。

练习:

运用槽镶工艺在曲面造型的进行镶嵌。

(23)在镶槽内壁的合适高度同时车两条平行的槽。调整好内凹槽均匀度,保持厚薄统一。

(26)左手拿平头錾轻压在镶槽边缘,右手握锤均匀平衡地敲打錾子顶部。

(28)放入白色宝石,按压入槽,轻敲边缘固定。

(31)加热吊坠周围的火漆,把它从火漆中取出。

(34)放入明矾水中去除表面杂质,最后用清水清洗干净。

(29)全部镶嵌入槽,再用平铲针将贴住镶石刻面的槽边修饰平顺。

(32)小火加热镶口的背面,去除残留在上面的火漆。

(35)干燥后,用红柄锉刀将其表面镶凿的敲击痕锉去。

(30)如上图一样,用锤通过錾子轻敲镶口边缘,边敲边移动錾子,直到槽边紧贴宝石冠部,将宝石固定。

(33)去除干净火漆残留物。

(36)再用小精锉修饰吊坠镶槽表面。

（37）先后使用800#粗砂纸和1200#细砂纸将整个吊坠打磨光亮。

（38）完成后，检查镶口是否牢固。

11.3 密钉镶

密钉镶是指用钢针在金属材料上镶口的边缘，铲出若干个小钉，用以固定钻石的镶嵌方法。起钉镶根据起钉数量又分为两钉镶、三钉镶、四钉镶和密钉镶。密钉镶也叫群镶，群镶首饰华丽耀眼，营造只见钻石不见金的视觉效果。

技术要求：宝石要牢、台面整齐、钉要完整、钉位均匀。

（1）准备宝石和厚度比宝石稍高的银片，截取直径为50mm的圆形银片。

（2）将圆片退火，放入窝作中从最大洞开始敲，逐步敲成所需的半球形。

（3）用笔在半球上均匀地做好打洞的记号。

（4）吊机上装上适合稍小尺寸的钻针，在刚才做好的记号上钻浅印痕，以便钻洞。

(5)吊机换上尺寸适合的钻针,打洞,注意保持间距均匀,大小一致。

(8)把每个洞都用伞针车修一遍,保持镶口不要倾斜,镶口大小以镶石台面与金属面齐平为准。

(11)用镊子尾部垂直轻压镶石的台面,使镶石贴近镶口,保持镶石周正,不能偏斜。

(6)在半球上划定区域打满洞。

(9)加热火漆,把半球固定在火漆上。

(12)用三角铲针以对称的方式在镶口边起钉,用刀以30°为宜。

(7)吊机换上与宝石腰围直径相同的伞针,把洞铣扩成上大下小的似喇叭口形的镶口。

(10)再用伞针把镶口内的火漆去除。下石,将镶石放入镶口,使其高度与金属面高度一致。

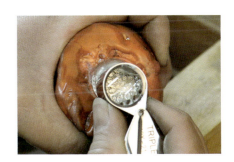

(13)放大镜下的铲好钉后的效果。

(14)吸珠要由内而外的次序,逐一将铲钉吸圆。

(17)镶嵌完成后,加热火漆,把半球取出,把火漆去除干净。

(20)整体抛光后的效果。

(15)由于铲钉大小有时不是很均匀,选用适合大小的吸珠针将钉吸圆。

(18)再把镶嵌好的半球放入明矾水中煮白。

(16)铲边,用钢针将镶石区域外缘边整体规整。

(19)按先后用粗砂纸、细砂纸打磨半球另一半未镶嵌的部分。

12 雕蜡

12.1 浮雕制作

课程所需材料：绿蜡片、蜡管。

课程所需工具：锯弓、蜡锯条、吊机、波钻、狼牙针、金刚砂磨针、雕蜡刀、蜡锉、什锦锉、砂纸等。

（3）用波钻把多余的部分剔除，呈现出纹样的雏形。然后换上小的波钻，进行纹样边缘的精修。

（5）用金刚砂针精修纹样边缘的线条，使其更加流畅、平整。

（1）确定图稿，然后取用一片薄型绿蜡在上面绘制出所需要制作的纹样，也可用拓印的方法把纹样转移到蜡片上。

（4）用狼牙棒针大致修整部分边缘和底面。

（6）用雕蜡刀把纹样中小块底面挖掉，精细刻画纹样细节。

（2）把蜡锯至适合大小，吊机装上稍大的波钻针，离开纹样2~3mm，粗略勾勒出纹样的大致轮廓。

练习：
自选二方连续卷草纹纹样进行浮雕创作。

（7）换上狼牙棒针，把蜡片底面抛磨平整。

（8）继续用狼牙棒针抛磨底面,呈现出较为平整的面。

（11）用金刚砂针修整边缘,精确线条的造型。

（14）用雕刻刀削刮卷草纹样的边缘,使其更加顺滑,去除毛刺。

（9）用蜡锉继续修整底面,使其更加平顺,保持厚度一致。

（12）细致修整结构造型上下层次关系。

（15）用锉刀和砂纸再次打磨底面。

（10）用雕蜡刀铲平纹样细节里的底面,做适当修整。

（13）用金刚砂针雕刻出卷草纹样的转折与曲面。

（16）完成后,表面保持光洁,线条流畅。

12.2 蜡雕戒指

（3）根据宝石的大小，用游标尺确定戒指蜡的尺寸。在蜡上，用画线器画线，做好记号。

（6）用分规一头固定在中心点上，另一头刻画出戒托的内圈。

（1）用游标尺测量戒指主石的尺寸，以便确定蜡管的大致尺寸。

（4）用蜡锉修整戒指台面部分，以便定位。

（7）继续用分规刻画出戒托的外圈。

（2）锯弓装上蜡锯条，一边转动蜡管，一边切割，锯下一段所需尺寸的蜡管。

（5）用笔在蜡的戒面上画上十字，以确定圆的中心点。

（8）用锯弓沿着线的外侧切割，去除戒指多余的蜡。锯完大形后，接着用平头蜡锉修一下边缘。

（9）用半圆头蜡锉修掉内径的多余的蜡，切修时使用戒指棒确定指围大小，并留出余量，在铸造时戒围会缩水大约1/3号。

（12）使用平锉，修掉戒圈边缘多余的蜡。

（15）换上狼牙棒针，打磨出戒托的整体弧度。

（10）再使用半圆形蜡锉，锉出戒托的大致弧度。

（13）用波钻向下挖掉戒圈两侧部分多余的蜡。

（16）使用适合大小的波钻，初步挖空戒托内部。

（11）用三角锉，把握好力度和角度，修出戒托的棱角。

（14）再次把戒指蜡的各面修整平顺。

（17）改用雕蜡刀精细修饰，保持边缘的匀称，厚度一致。

（18）修完，拿尺子等分六块，用笔画好定位线，并做好记号。

（21）再次打磨蜡戒指的戒圈。

（24）用雕蜡刀修整刚才打的洞，保持棱角分明。

（19）使用金刚砂针磨掉台面多余部分，留出六爪粗坯。

（22）用波钻掏去戒托底部过于厚重之处，然后用雕蜡刀精修戒指表面。

（25）用波钻再次修整戒托底部，镶口底部要打穿，不然成品镶石时会产生石不透光现象。

（20）继续使用尖头的金刚砂针，打磨出爪的侧面，爪要直，并保持大小一致。

（23）用尖头的金刚砂针在戒托下部（如图）的每个爪之间打洞。

（26）用毛刷将戒指蜡模表面的蜡粉清理干净。

13 铸造

13.1 模具制作流程

13.1.1 压模

压模工具及材料

压制橡胶模需要压模机(又称硫化机),虽然压模机机型很多,但主要工作原理基本一致。压模时要施加压力同时加热。压模机上主要由加压螺栓和加温热板构成,压力和温度可根据橡胶类型不同进行调节。

压模机

压模框

与压模机配套的有各种模框,有单框、双框和四框的,模框都用铝合金制成。标准双框的规格为1.88in×2.88in(1in=2.54cm),大型压模机上压大件模版的加厚铝框,规格为2.5in×3.75in。

生胶片

压模的主要材料是生胶片,生橡胶片制成胶模的操作过程非常重要。现在首饰制造用的生胶片主要有两种。

一是含纯树脂橡胶较少的白牌胶片品种,相对来说此种生胶片硫化后较硬些,但是这种生胶片价格比较便宜,有经验的开模师傅喜欢用这种胶开模,因为它适合于压制普通模版,而且制作的时间较短。

另一种含纯天然树脂橡胶较多的金牌胶片品种,其质地更加柔软,可用于凹陷明显难以加工的模版压模,这种胶片良好的性质可大大节省人工成本,如开模时其细微之处容易保留,注蜡后易脆的蜡模容易取出。

压模流程

压制胶模前要将打磨光滑的金属模版清洗干净,最好用超声波清洗机清洗后烘干,有的精细模版还可以用铑电镀后压模,以保证模版的干净和胶模的完美。需要说明的是,铜制的模版最好电镀后才压模,因为铜容易与橡胶结合而不易分开。

(1)首先根据模版的大小和高度选用合适的铝合金模框,然后按框模的内径裁剪生胶片。

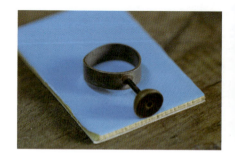

(2)在剪下来的胶片上标注水口的位置。

(3)为了注蜡方便要在水口端头套上金属注蜡口金属模,所以在水口端处剪一锥形缺口以便安放注蜡嘴。

(5)然后将两片按模框大小剪好的生胶片去掉保持层后重叠粘在一起。

注意要点:

(1)压模框和生胶片要清洁,不要用手直接接触生胶片的表面。

(2)保证原版和生胶片之间不会粘连,应优先使用银版,铜板最好先镀银。

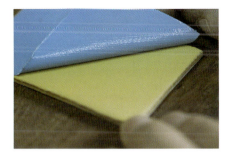

(4)夹在中间的胶片则要去掉布衬,而生胶片另一面的蓝色保护塑料薄膜必须撕下来。

(6)在中间的数片胶片上根据模版画出边缘的轮廓。

(8)把金属模版平放在胶片的中央,让水口伸到胶片边缘。

压模部件:注蜡口金属模

水口是指在浇制模型时形成的框架与零件的结合部位。亦称为"汤口"(浇口),意思就是热化液态的蜡流动的进出口。

(7)中间几片剪出模版的形状,以便模版与胶片之间能很好的契合。

(9)注意在覆盖上层胶片时要用碎胶片将模版四周的空隙全部填满。

(10)贴上数层胶片,确保每层胶片之间粘和到位后,再撕掉蓝色的保护膜。

注意要点:
压模时要保证原版和生胶片之间没有缝隙。采用塞、缠、补的方式将首版上的空隙位、凹位和镶石位等填满,用碎小的胶粒填满,用尖锐物质(如镊子)压牢。

(15)再将另一端塞入模框中,四边压制平整。

(11)中间胶片填平后,盖上最后几片胶片。

(13)有的复杂花纹的细小空隙要用工具往细粒胶片往里充填,不能留下任何细小空间。

(16)胶模中间模版处稍微凸出一些也行。要求整个生胶模能将铝合金模框封实。

(12)由于模版的高低大小不一,中间胶片的多少根据实际需要而定,但是必须将其垫平,密封。

(14)先将留有水口的一端压入模框中。

(17)胶模要高出模框2~3cm。

压模的过程实际是生胶转化为熟胶的硫化过程,生胶片生产厂家对确定硫化温度有明确的规定,一般定在152℃为最佳。因此胶片的硫化时间就非常重要了,而硫化时间的长短主要取决于胶模的厚度,每层胶片大约3.2mm厚,在152℃温度下硫化需要7.5min,如是四层生胶片就需要30(4×7.5)min。

这样压制出来的胶模既充实又有弹性而不会太硬。如将模框填得太死或压力过大会使硫化后的胶模变得太硬或弹性过大而无法切削开模。模框装填不实,硫化的胶模会出现胶片层次分明,存在大量气泡使胶模呈海绵状,胶模的上下表面出现十分明显的凹陷。这样的胶模会变形,直接影响蜡模和首饰毛坯的质量。

(1)硫化胶模前先预热压模机,然后将充填好胶模的模框置于压模机两块热板之间,两三分钟后慢慢旋转压紧胶模,注意不要用力过大。硫化温度调好后观察胶模的硫化效果,逐渐会看见一些橡胶溢出模框,如没有出现这种现象表明模框装填不够紧密,在以后装填胶模时应更紧密些。

当然有时可能是因为压模机压得不紧,在硫化过程的最初10min可以检查一下其松紧程度,如有必要可以拧紧一些。

(2)到了确定的硫化时间后马上取出已成型的橡胶模,压好的胶模要求整体不变形、光滑、水线不歪斜,最好让其自然冷却到不烫手时,就可以趁热用锋利的手术刀进行开胶模的操作。

13.1.2 开模

压制好胶模后要用手术刀把胶模割开,这称为开胶模。

最好带着压模后的余温就开始开模,这样切割更容易一些。开胶模并不只是把金属模版从压好的橡胶模里取出来那么简单,这是一门要求很高的技术。

开胶模的好坏直接影响到蜡模以及金属毛坯的质量。并且还关系到胶模的使用寿命。胶模切割的合理可减少重复注蜡和修复蜡模的工序,这样可以节省工作时间,提高生产效率。切割胶模首先根据模版的形状、大小来确定开模的方式。现在,多采用直线或四角定位切割方法,也有采用曲线切割方法。

(1)切割胶模之前要把注蜡嘴取出,将胶模外部四周的多余胶片割掉。将胶模水口朝上直立,从水口的一侧下刀,沿胶模的四边中心线切割。

(2)然后沿模版水口一刀一刀逐渐向两侧切割,每刀切进2~3mm为宜(可根据胶模大小适当调整)。

(3)靠近金属模版时要分外小心,有些细微之处不能被切断,如副石的小孔、花纹的凹凸部分等,否则将损坏模版的原型,甚至损坏整个胶模而不能使用。

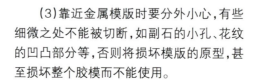

曲线开模则是开模时将胶模边部切割成锯齿状,这样也是为了注蜡模时胶模不会错位。有时为了注蜡后取蜡模方便和省力,可以根据金属模板的工艺、形状和大小在胶模内部切割几条深深的刀口,这就是所谓的切块式。

(4)一边切割一边向外拉开胶模,快到达水口线时要小心,用刀尖轻轻挑开胶模,漏出水口,再用力拉开已切开的直边,要注意刀尖不能划伤金属模版。

金属模版有严格要求,橡胶模也有严格的要求。首先胶模必须保持金属模版的整体原型,不能有任何缺陷,如缺角少边,花纹不清,该镂空的地方要镂空,该圆滑的地方要圆滑。否则注出的蜡模是残次品,浇铸出来的金属毛坯也会是残次品。另外,胶模切割要合理,让胶模既能紧密接合,又能轻松打开,既有利于注蜡,又方便取出蜡模。质量不好的胶模会给首饰制作带来直接影响,最好将其废弃,重新压制新的胶模。

(5)切割胶模不仅需要娴熟的技巧,还需要强壮有力的手扳开逐渐切割开的胶模。

(6)继续往下切割,每一次下刀应相互连接,痕迹顺畅,没有毛边。

切割胶模多采用医用手术刀,在切割时要经常换刀片,并不时将刀片蘸些水或家用洗涤剂,这样可起到润滑作用,切割起来比较容易。特别注意的是用钝刀片切割胶模容易出事故,如割伤手指等。

(7)注意观察银版与胶模之间有无胶丝粘连,若有粘连,必须切断。

四角定位切割方法就是在胶模的四角割出四个对应的凹凸三角形,一片胶模内侧是凹陷三角形,另一片则是凸起的三角形,两边胶模恰好可紧密拼合,这是为了防止注蜡时胶模错位特别割制的。

83

13.1.3 注蜡工艺

注蜡工艺即用橡胶阴模注出蜡质阳模,是进入失蜡浇铸流程最初的生产实质阶段,也是实现批量化生产的重要环节。

注蜡,就是在一定压力下将蜡液挤进胶模之中。现在常用的是真空和气压注蜡相结合的方式,要制作完美的蜡模,关键在于注蜡前能否将胶模中的空气抽净,注蜡机配有真空机注蜡模成功率高,且蜡模质量好。

(1)注蜡前应把胶模打开向里面模版处喷洒些脱蜡剂或刷些滑石粉,注意不能喷洒太多,尤其不能让滑石粉堆积在胶模版的夹缝角落里,否则将影响蜡模质量,出现残次蜡模。

(3)把有机玻璃紧紧夹住的胶模对准出蜡嘴推进,然后轻轻踩下气压踏板,蜡液迅速挤进胶模之中,随即松开踏板。

注蜡流程

注蜡机

(2)注蜡时通常在胶模外部上下垫两块有机玻璃(也可以用其他板材),双手用力压住有机玻璃,让胶模均匀地夹紧,这样胶模接缝紧密才不会漏出蜡液。

注蜡时注蜡机中蜡液的温度和气压的高低关系到蜡模的质量,所以要求比较严格。通常要求注蜡机内的蜡液温度要保持在 70～75℃之间,气压应根据所注蜡模体积的大小和难易程度而定。温度太低使蜡的黏度增加,造成蜡液流动性降低,这样会导致蜡液注不满胶模,因而常常会出现蜡模残缺不全的现象。气压太低也难让蜡液注满胶模。相反,如温度太高或压力太大,蜡液流动性增加将造成蜡液从胶模接缝中流出,有时还会从注蜡嘴流出。这样注出的蜡模多边多棱,必须修整后才能使用,显然这将造成很大的浪费,甚至会出现残次蜡模。

(4)待蜡液凝固后,打开胶模并用力扳开胶模内部的暗槽,这样可以轻松取出蜡模。

(6)取出蜡模之后要仔细检查一下蜡模的质量,缺角少边的蜡模最好抛弃,找出这些毛病的原因,进一步调好温度压力后,再重新注蜡。

小技巧:

如蜡模整体有些变形应用手可将其矫正,气温低蜡模变脆不好矫正时,可将蜡模放进温水(约45℃)中软化后矫正。

戒指的指圈大小可以在这个阶段通过修蜡模改圈口大小,比起修改金属圈口将节约大量时间。

(5)注蜡后从胶模中取出性脆的蜡模也有技巧,将胶模两边向下有力弯曲,蜡模两端会从模子中松动脱出。

(7)蜡模出现毛刺、毛边时可用手术刀将其修理光滑,花纹不清晰或孔眼不通可用刀尖或钢针修整,钢针加热后穿孔更加容易,有时蜡模还有掉爪等现象,可用焊蜡机将其修复。

13.1.4 植蜡树

植蜡树就是将制作好的蜡模按照一定的顺序,用焊蜡器沿圆周方向依次分层地焊接在一根蜡棒上,使最终得到一棵形状酷似大树的蜡树,再将蜡树进行灌石膏等工序。种蜡树的基本要求是,蜡模要排列有序,关键是蜡模之间不能接触,既能够保持一定的间隙,又能够尽量多地将蜡模焊在蜡树上,也就是说,一棵蜡树上要尽量"种"上最多数量的蜡模,以满足批量生产的需要。

在植蜡树前,先称出胶座的质量,并将其记录下来,植蜡树完毕,再进行一次称重。将这两次称重的结果相减,可以得出蜡树的质量。根据蜡树的质量与铸造金属比重,来确定金属材料的用量。

(1)橡胶底座中有一突起的圆凹心,蜡棒恰好与凹圆大小相似,用熔化的石蜡灌进凹心中。

(2)将蜡棒头部蘸一些融化的蜡液,用焊蜡机同时熔化凹圆孔处的蜡头。

(3)趁热插入底盘的凹圆孔中,使蜡棒与凹孔结合牢固。

(4)先将蜡模焊接在蜡棒的水道上。根据蜡模的大小和复杂程度确定水道的粗细。

(5)根据在蜡树上的不同位置,留出一定距离,截取适当长度的水道。

(6)植蜡树的蜡模与蜡棒之间一般有45°左右的夹角,蜡模的方向是倾斜向上的,只有这样才能便于金水顺利注入石膏模。这个夹角可以根据蜡模的大小和复杂程度进行适当的调整。

(7)将蜡模逐一焊接在蜡棒上,围绕蜡棒一层层的植蜡模。植蜡树可以从上往下进行,也可以从下往上进行。

(8)植蜡树完毕,必须检查蜡模是否都已焊牢。如果没有焊牢,在灌石膏时就容易造成蜡模脱落,影响浇铸的进行。

(9)最后再次检查蜡模之间是否有足够的间隙,蜡模若粘在一起,铸造出来的铸件也会相连,加工起来就比较麻烦,甚至铸件会报废,所以之前就应该把它们分开;如果蜡树上有滴落的蜡滴,应该用刀片修去。

13.1.5 石膏模

蜡模转换成石膏铸模后,才能进行浇铸。浇铸前铸石膏模时了解石膏粉的质量、特性和用法尤其重要,因为石膏粉的纯净度、凝固度、收缩比都关系到石膏模的质量,也就是关系到铸件的质量。石膏粉质地细腻均匀浇铸出来铸件的表面才会光洁,不会出现凹凸不平的现象。石膏粉凝固度好其石膏铸模就坚固,可减少浇铸时铸模的损失。

(1)石膏模的制作需要用到钢筒和起到密封作用的透明胶。

(4)准备好要铸造的蜡树。

(2)钢筒四周布满1~2cm直径的圆孔,要在钢筒外部缠上透明胶带,将所有孔洞都堵住。

(5)在植好的蜡树外,套上密封好的钢筒。

钢筒套有 3in×4in、3.5in × 4in、4in×6in、4in × 7in、4in × 8in 等规格,有配套的胶座。

(3)透明胶带要密封严实,不留缝隙。

(6)检查钢筒是否在中间,蜡树边缘不能碰到钢筒。

（7）调配石膏浆前要根据钢套的大小和数量称量好石膏粉备用。然后往水里加石膏粉，不能往石膏粉里倒水。

（10）放入抽真空机中。石膏浆的浓度是抽真空的关键，另外抽真空的方法也很讲究，特别是要缓慢放气。

所谓石膏铸粉的工作时间就是留给操作者的搅拌石膏粉的时间，大多石膏粉的工作时间平均为9~10min，其计算方法是将石膏粉加入水中开始，至石膏粉浆表面失去光泽时间减去2min的过程为实际工作时间。由于操作时的温度、水温、水质及石膏粉的存储环境对实际工作状态都会有所影响，因此操作者应根据自己的实际情况设定自己的工作时间。一般说来凝固了的石膏模应马上送进烘箱焙烧，但也可静放更长些时间，最好不超过一天。

（8）然后用量具量好所需的水，水与石膏粉的比例一定要配好，大约1000g石膏粉需400ml水。

（11）控制好抽真空的时间，这个过程大约2~3min，时间过长石膏容易变干。

（9）放入搅拌机中搅拌均匀。水温最好在21~24℃之间，水温低会延长初凝时间，水温高会缩短初凝时间。

（12）将兑水搅拌呈粥状的石膏浆灌入密封并装好蜡模的钢筒中。

（13）灌好石膏浆的钢筒放入抽真空震动机内，把注浆过程中产生的气泡清除掉，可以有效地减少铸件上的砂眼。

13.2 铸造流程

13.2.1 脱蜡

石膏模凝固后就可以焙烧脱蜡了,脱蜡焙烧之前需取下石膏模上的橡胶底座,同时也要去掉硬纸片等杂物,清除钢筒底部和外部多余的石膏粉。然后将套有钢筒的石膏模送入电炉(烘箱)中脱蜡焙烧。如使用大功率的烘箱,脱蜡焙烧一次完成。焙烧石膏模时间长达数小时之久,配有电脑温控仪器的烘箱,调好时间温度就能自动控温焙烧石膏模了。

焙烧石膏模的时间一般在6~12h不等,这主要与石膏钢筒的大小,石膏浆的品质类型有关。焙烧石膏模筒通常分干燥、脱蜡和浇铸三个阶段,应控制好每个阶段的温度。

焙烧一个80mm×100mm的石膏模筒全程时间大约7~8h。先将电炉预热到200℃后再装进石膏模筒,注意要把石膏模筒的浇铸口朝下放在炉内的支架上,以便熔化的蜡液流出烧尽,在200℃处恒温1h,升高到400℃,继续恒温1h,这个时段就是所谓的脱蜡温区;然后再将温度升至600℃,此时再恒温1h,再加温至800℃烧1h,这个时段称之为干燥温区;最后将温度降低到500~600℃,在此温度范围内保持2h左右,这个时段称为浇铸保温区。最后将焙烧的石膏模降低到合适浇铸温度也很重要,不同的铸件降低的温度也不相同,如精细的女戒、项链、项坠等细小花样的铸件,最后1h的温度最好降至480~540℃浇铸为佳。比较粗大的男戒等较重的铸件,最后1h的温度降低到370~480℃浇铸最佳。

焙烧石膏模时的温度调节也很重要,温度升高速度最好控制在每小时升高100~200℃。温度升高太快,石膏模易产生裂缝,影响浇铸质量,甚至出现漏模现象,造成石膏模的损坏和浪费。假如升温太慢,不仅会延长焙烧时间,还会引起除蜡不尽,石膏模干燥不彻底等问题,这也将影响浇铸的质量。

13.2.2 熔金

无论是调配合金或浇铸都要先将金属块熔化,熔化的过程看似简单,操作起来也不容易。尤其用大型燃气喷火枪来调配合金或浇铸是需要丰富的经验的。

（1）熔金要选用大小合适的耐火材料坩埚，通常挑选能一次浇铸一罐石膏模的坩埚。

（2）打开火枪熔金时首先要注意安全，对准银料，均匀加热。

（3）将火枪火力开到最大，注意小颗粒的银料爆溅。

（4）适当均匀撒入硼砂，可有效地去除银料表面的氧化层，加速熔化。

（5）当需要熔化较多银料的时候，为达到更高的熔化温度，可在上面加盖坩埚。

（6）熔化至完全液态，表面呈现出镜面效果。

电熔炉

使用电熔炉熔炼时，首先调好电熔炉的温度，然后打开电源，当温度升至设置的度数时，把装好金属原料的坩埚放入熔炉中熔炼，很快就会完全熔化炉内的原料，金属原料完全熔化后应尽快浇铸，连续浇铸几罐石膏模筒时要注意炉内的温度变化，一定要保持必需的熔炼温度。

13.2.3 浇铸

(1)用钢筒夹夹住底部,从烘箱中取出钢筒。

(2)准备好铸造真空缸。

(3)将夹出的钢筒,迅速放入铸造真空缸内。

(4)立即启动真空铸造。

(5)把预先熔化的银料,灌注在钢筒石膏铸造孔内。

(6)等待液态的银料凝固。将铸筒静置15~20min,再进行冷水冲洗。

(1)取出铸筒,冷水冲洗。

(2)控制好时间。冲水太早容易形成铸件断裂损坏,冲水太晚会导致石膏脱离困难。

(3)把钢筒中已铸造成形的银树取出,继续去除缝隙里面的石膏。也可用高压水枪冲洗。

(4)分别剪下银树上的每个铸件,去掉水口。

13.2.4 出模

(1)单件石膏模翻制,根据铸件的大小,用铁皮自制一次性的外筒。

(2)单件铸造与蜡树铸造的程序一样,翻石膏模、烘焙、脱蜡、熔料、倒料。

(3)单件出模,因为外筒铁皮是一次性的,可用榔头轻击。

(4)在确保里面铸件不受损的情况下,用榔头敲击外筒,使石膏脱落。

(5)将石膏筒完全击碎后,倒出铸件。

(6)用水将铸件表面的石膏冲洗干净,也可用铜刷刷洗。

14 附录

14.1 配件

男士袖口

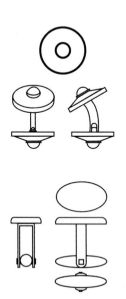

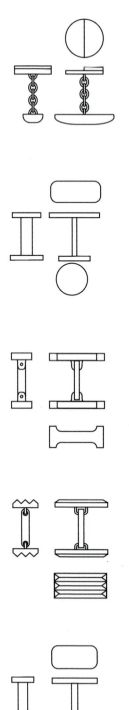

胸针扣

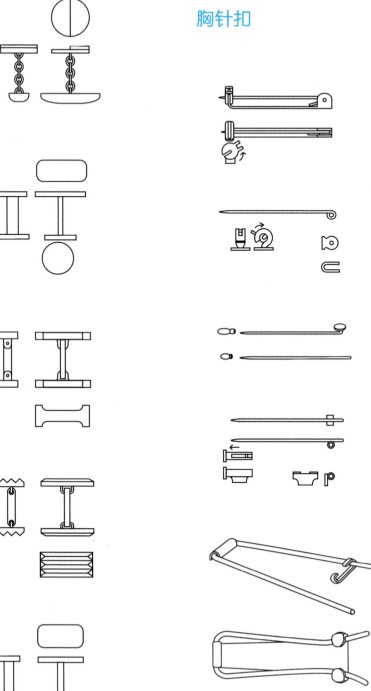

耳环扣针

其他

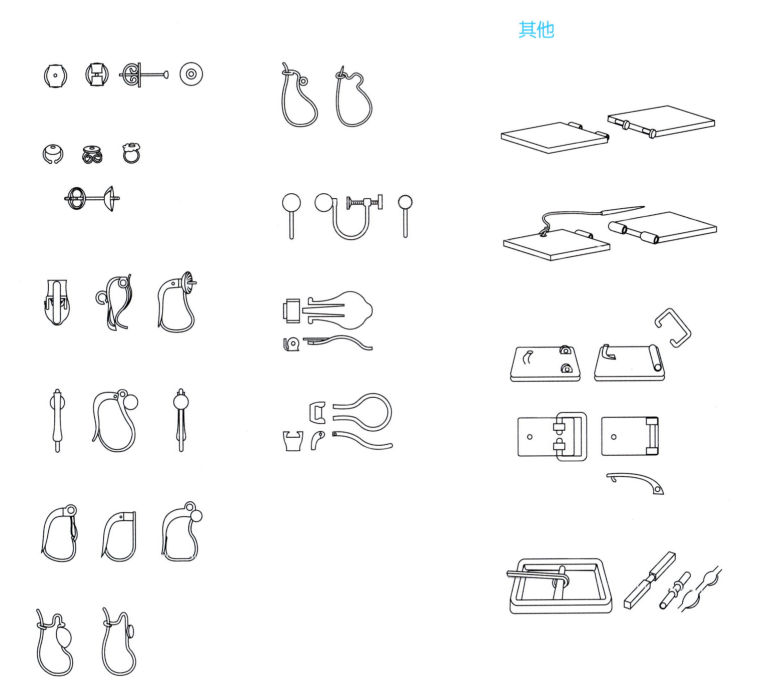

项链扣

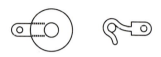
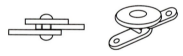

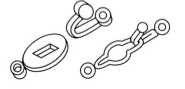

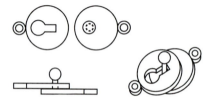
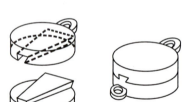

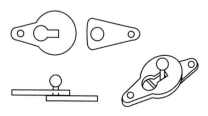
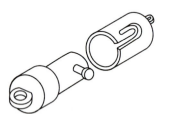

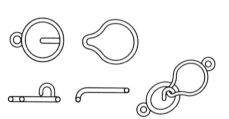
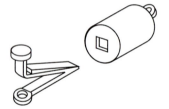

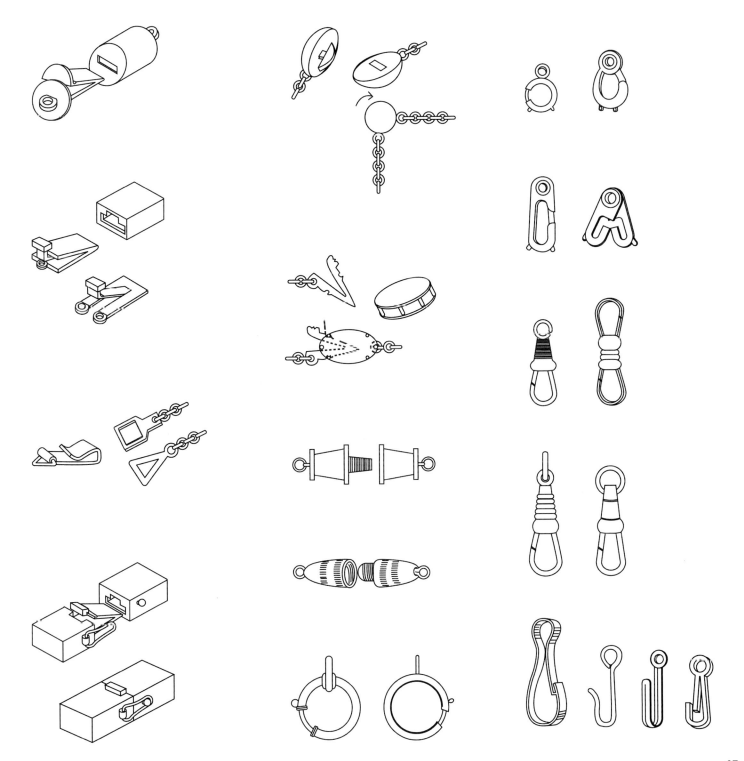

14.2 度量衡

1英寸(in)=25.4毫米(mm)

1英尺(ft)=304.8毫米(mm)

1克拉(ct)=0.2克(g)

1克拉(ct)=100分(point)

例如:0.75克拉又称75分,0.02克拉为2分。

戒指型号与尺寸对照表

号码	内圈长(mm)	内直径(mm)
1	41	13.1
2	42	13.4
3	43	13.7
4	44	14.0
5	45	14.3
6	46	14.6
7	47	15.0
8	48	15.3
9	49	15.6
10	50	15.9
11	51	16.2
12	52	16.6
13	53	16.9
14	54	17.2
15	55	17.5
16	56	17.8
17	57	18.2
18	58	18.5
19	59	18.8
20	60	19.1
21	61	19.4
22	62	19.7
23	63	20.1
24	64	20.4
25	65	20.7
26	66	21.0
27	67	21.3
28	68	21.7
29	69	22.0
30	70	22.3
31	71	22.6
32	72	22.9
33	73	23.2
34	74	23.6
35	75	23.9

标准圆钻尺寸对照表

克拉质量(ct)	直径(mm)	高度(mm)
0.05	2.5	1.5
0.10	3.0	1.8
0.20	3.8	2.3
0.25	4.1	2.5
0.30	4.5	2.7
0.40	4.8	3.0
0.50	5.2	3.1
0.70	5.8	3.5
0.90	6.3	3.8
1.00	6.5	3.9
1.25	6.9	4.3
1.50	7.4	4.5
1.75	7.8	4.7
2.00	8.2	4.9
2.50	8.8	5.3
3.00	9.4	5.6